土力学40讲

刘坤 李慧 王新刚 编著

朱连勇 主审

中国水利水电出版社
www.waterpub.com.cn
·北京·

内 容 提 要

本书根据作者多年的一线教学经验,系统介绍了土的基本物理力学性质,土的渗透性,以及在荷载作用下地基土的应力、变形、强度、稳定性等基本理论和计算方法。全书包括绪论和正文部分八章的内容,共计 40 讲,主要包括:绪论、土的物理性质及工程分类、土的渗透性及渗透变形、土体中的应力、土的压缩性及地基沉降计算、土的抗剪强度、土压力、土坡稳定性分析及地基承载力等内容。

本书可作为水利水电工程、农业水利工程、土木工程等专业的教学参考用书,也可供相关专业教学和工程技术人员参考。

图书在版编目(CIP)数据

土力学40讲 / 刘坤,李慧,王新刚编著. -- 北京:中国水利水电出版社,2025. 5. -- ISBN 978-7-5226 -3268-1

Ⅰ. TU43

中国国家版本馆CIP数据核字第2025QZ8165号

书　　　名	**土力学 40 讲** TULIXUE 40 JIANG
作　　　者	刘 坤 李慧 王新刚 编著 朱连勇 主审
出 版 发 行	中国水利水电出版社 (北京市海淀区玉渊潭南路 1 号 D 座　100038) 网址:www. waterpub. com. cn E - mail:sales@mwr. gov. cn 电话:(010) 68545888(营销中心)
经　　　售	北京科水图书销售有限公司 电话:(010) 68545874、63202643 全国各地新华书店和相关出版物销售网点
排　　　版	中国水利水电出版社微机排版中心
印　　　刷	天津嘉恒印务有限公司
规　　　格	184mm×260mm　16 开本　9.5 印张　208 千字
版　　　次	2025 年 5 月第 1 版　2025 年 5 月第 1 次印刷
定　　　价	**42.00 元**

前言

  土力学是水利水电工程、农业水利工程、土木工程等专业的一门主干必修课，是一般基础课和专业课之间的桥梁课程。

  理论性与实践性强、知识点多、公式多、图表图形多等是土力学课程的特点，这就导致学习难度较大，推导运算量大，教学过程极易陷入晦涩难懂的状态，同学们时常跟不上老师的授课节奏。本书内容与慕课课堂一一对应，便于学生课前预习授课内容，课中根据学生认知进行重点、难点讲解，课后利用慕课课堂短而精的特点进行知识点巩固，为教师开展线上线下混合式教学提供方便。同时鉴于土力学课程在专业人才培养中的专业基础课程的定位，本书在编撰过程中坚持"够用""实用"原则，高度凝练课程内容，在明确概念、定义、基本原理的基础上，删繁就简，对重点内容和易混淆的知识点进行了重点加粗标注，便于理解掌握。

  本书由刘坤编撰绪论、第 1～4 章及第 6 章，王新刚编撰第 5 章，李慧编撰第 7 与第 8 章。刘坤负责统稿、修改和定稿，朱连勇教授担任主审。在编撰过程中，参阅了土力学、基础工程方面的相关教材、规范、专著、研究论文等，在此谨向其作者表示衷心的感谢。

  限于作者水平有限，书中难免存在不妥之处，敬请广大读者和同行专家批评指正。

作者

2024 年 12 月

目 录

前言

绪论 ·· 1

第1章 土的物理性质及工程分类 ······················· 6

第1-1讲 土的三相组成——土的固相 ····················· 6

第1-2讲 土的三相组成——土的液相和气相 ············· 10

第1-3讲 土的物理性质指标 ································· 12

第1-4讲 三相指标换算 ····································· 17

第1-5讲 土的结构及物理状态——粗粒土 ··············· 19

第1-6讲 土的结构及物理状态——黏性土 ··············· 21

第1-7讲 土的工程分类 ····································· 25

第2章 土的渗透性及渗透变形 ·························· 28

第2-1讲 土的渗透性及渗透定律 ·························· 28

第2-2讲 渗透系数的影响因素及测定 ····················· 31

第2-3讲 渗透力及渗透变形 ································· 34

第3章 土体中的应力 ···································· 39

第3-1讲 土体应力概述 ····································· 39

第3-2讲 土体的自重应力 ··································· 40

第3-3讲 基底压力 ·· 44

第3-4讲 集中力作用地基的附加应力 ····················· 50

第3-5讲 分布荷载作用地基的附加应力——空间问题 ····· 55

第3-6讲 分布荷载作用地基的附加应力——平面问题 ····· 60

第3-7讲 土的有效应力原理 ································· 63

第4章 土的压缩性及地基沉降计算 ····················· 68

第4-1讲 土的压缩性 ······································· 68

第4-2讲 土的压缩性指标 ··································· 71

第4-3讲 天然土层的应力历史 ······························ 74

第4-4讲 地基最终沉降量计算——分层总和法 ············· 76

第4-5讲　地基最终沉降量计算——规范法 ……………………………… 78

第5章　土的抗剪强度 ……………………………………………………… 82

第5-1讲　土的抗剪强度理论 ……………………………………………… 82

第5-2讲　土中一点的极限平衡条件 ……………………………………… 84

第5-3讲　土的抗剪强度试验 ……………………………………………… 87

第5-4讲　土抗剪强度的影响因素及指标选择 …………………………… 93

第6章　土压力 …………………………………………………………… 96

第6-1讲　土压力概述 ……………………………………………………… 96

第6-2讲　朗肯土压力理论 ………………………………………………… 99

第6-3讲　常见情况的土压力计算 ………………………………………… 105

第6-4讲　库仑土压力理论 ………………………………………………… 108

第6-5讲　朗肯理论与库仑理论的比较 …………………………………… 112

第6-6讲　重力式挡土墙的稳定性分析 …………………………………… 113

第7章　土坡稳定性分析 ………………………………………………… 117

第7-1讲　概述 ……………………………………………………………… 117

第7-2讲　无黏性土边坡的稳定性分析 …………………………………… 118

第7-3讲　黏性土边坡的稳定性分析 ……………………………………… 121

第8章　地基承载力 ……………………………………………………… 127

第8-1讲　概述 ……………………………………………………………… 127

第8-2讲　按塑性变形区深度确定地基承载力 …………………………… 130

第8-3讲　浅基础地基的极限承载力 ……………………………………… 135

第8-4讲　确定地基承载力的其他方法 …………………………………… 138

参考文献 …………………………………………………………………… 144

绪　　论

同学们，大家好！欢迎走进土力学慕课课堂，在这里我们一起来学习土力学的相关知识。

相信大家对土都非常熟悉，那到底什么是土呢？"土"的本义为泥土；引申为土地、耕种的田地，比如"锄禾日当午，汗滴禾下土"；进一步引申为疆域、领土，比如奴隶社会的"普天之下，莫非王土，率土之滨，莫非王臣"等。

一、土力学的研究对象

土力学是以土为研究对象的，但此"土"非彼"土"。那土力学中的"土"又指的是什么呢？我们给土一个定义：**土是指地壳表层的岩石在大气中经受长期的风化作用，经搬运、沉积后形成的松散的颗粒堆积体**，如图 0-1 所示。

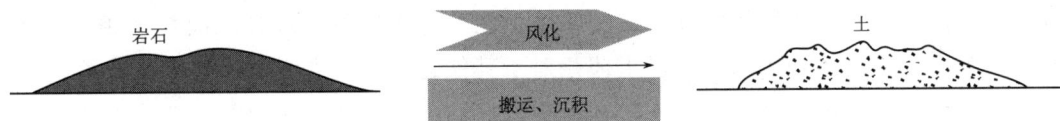

图 0-1　土的形成

地壳表层的岩石，受到温度、湿度变化的影响以及地震力的作用，会逐渐崩解、破裂为大小和形状各异的碎块，这个过程称为**物理风化**。物理风化的过程仅限体积大小和形状的改变，而不改变颗粒的矿物成分，其产物保留了母岩的性质和成分，称为**原生矿物**，自然界中的粗粒土即无黏性土就是物理风化的产物。如果原生矿物与大气或周围环境中的氧气、氮气、二氧化碳、水等接触，发生了化学变化，生成了与原来矿物成分不同的**次生矿物**，这个过程称为**化学风化**。化学风化所形成的细粒土，颗粒之间具有黏结能力，通常称为黏性土。由生物活动参与使矿物性质发生改变的过程称为**生物风化**。

由大块岩石破碎为较小颗粒时，物理风化起主要作用，是一个**量变**过程；由小颗粒分解成更细小的颗粒时，化学风化起主要作用，通常还会有生物风化，是一个**质变**过程。而自然界中土的几种风化作用是同时或交替进行的，所以原生矿物与次生矿物堆积在一起。总结土的风化作用如图 0-2 所示。

风化后的碎屑物，或残存于原地堆积起来，或在重力、风力、水流、冰川等各种自然力的作用下移动，称为**搬运作用**。**原地沉积或搬运后沉积**时，不同的沉积环境生成不同的沉积物，土的生成是一个复杂的地质作用过程，新近形成的地表沉积物即指本课程中的各类土。

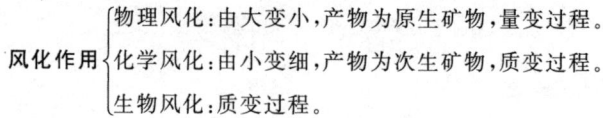

$$
\text{风化作用} \begin{cases} \text{物理风化：由大变小，产物为原生矿物，量变过程。} \\ \text{化学风化：由小变细，产物为次生矿物，质变过程。} \\ \text{生物风化：质变过程。} \end{cases}
$$

图 0-2　土的风化作用

土是固体颗粒的堆积体，有大有小，大到漂石、卵石，小至砂，细至黏土、淤泥都属于本门课程的研究对象。

1. 土的特点

土具有以下特点：

（1）**碎散性**。土是由大大小小风化后的土颗粒沉积而成的碎散堆积物，颗粒与颗粒之间的联结力很弱，远小于土颗粒本身的强度，在外力作用下颗粒之间容易产生相对移动。**碎散性**是土的基本特性，决定了土具有**易剪切**、**强度低**的工程特性。

（2）**三相性**。在土的沉积形成过程中，土颗粒之间存在大量孔隙，在水势差的作用下，水会通过孔隙发生流动，土具有渗透性。而天然环境下土的孔隙中通常有水和气体，是固相、液相和气相共存的**三相体系**，在外力作用下土颗粒之间发生相对移动时，孔隙缩小导致体积压缩。所以土体相对于其他建筑材料来说**易渗透**、**易压缩**。

（3）**天然性**。由于自然地理环境和沉积条件的不同，产生了自然界中多种性质不同的土，土的性质又容易受外界温度、湿度、地下水、荷载等条件的影响而发生显著变化，因此，土的**天然性**决定了其工程性质会随空间和时间的变化而变化，即具有自然变异性和易变特性，其物理、力学性质复杂。

土的以上特性，决定了土体远非同学们之前学习的经典力学中的质点、刚体或者连续弹性介质那么简单。土力学是力学的一个分支，属于**应用力学**的范畴。

2. 上部结构、基础和地基三者的关系

任何建筑物都坐落于地层上，工程上把受建筑物荷载影响且应力应变不能忽略的那部分土层称为**地基**。根据地基是否经过人工处理，分为**天然地基和人工地基**。良好的天然地基省时省力，工程造价低，设计时应优先考虑；当天然地基不能满足建筑物对沉降或地基稳定性的要求时，需要对地基进行处理，即采用人工地基。

建筑物一般由上部结构和基础两部分组成。建筑物向地基传递荷载的下部结构称为**基础**，它是建筑物上部结构和地基的连接部分，其作用是将上部结构的荷载扩散后传递给地基。基础通常要埋入地下一定深度，坐落在较好的土层上，基础底面至设计地面的垂直距离称为**基础的埋置深度**，简称**基础埋深**，常用 d 来表示。按照埋置深度、施工方法和承载方式的不同，将基础分为浅基础和深基础。

图 0-3 为建筑物的上部结构、基础与地基示意图。可以看出：上部结构、基础和地基三者之间是相互联系、相互影响的，构成共同工作的整体，因此进行建筑物设

计时，三者要综合考虑，避免孤立进行分析。当然也存在一些水工建筑物的上部结构和基础之间并无明显的界限，比如混凝土坝。

二、土在工程建设中的应用及工程问题

1. 土在工程建设中的应用

（1）**地基**。老子在《道德经》第六十四章写道："九层之台，起于累土；千里之行，始于足下"，所有的工程建设项目，包括房屋建筑、桥梁、铁路、机场、大坝、隧道、电站等都与它们赖以存在的土体有着密切的关系，土作为地基用来承载上部建筑传来的荷载。

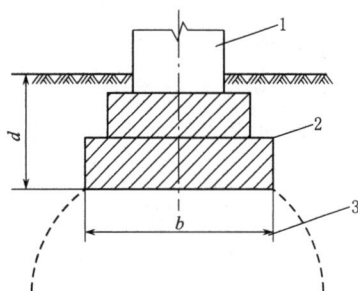

图 0-3　建筑物的上部结构、基础
与地基示意图
1—上部结构；2—基础；3—地基

（2）**建筑材料**。由当地土料、石料或土石混合料等修建的路堤、土坝等土工构筑物，是把土体本身当成了建筑材料在使用。

（3）**介质或环境**。对于地铁、隧道、涵洞等地下工程，土又是地下结构物周围的介质或环境。

本课程只针对土作为地基和建筑材料的用途，展开学习涉及的相关知识。

2. 与土有关的工程问题

在长期的工程实践过程中也产生了许多与土有关的工程问题，主要有以下几类：

（1）**地基的沉降变形问题**。同学们还记得小学阶段学过的《两个铁球同时着地》这篇课文吗？这是伽利略在比萨斜塔塔顶做的著名的自由落体试验。我们关注的是处于意大利比萨城奇迹广场上的比萨斜塔原设计为垂直建造，为何变得倾斜了呢？这一倾还惊动了全世界，成为了世界著名景点。

比萨斜塔之所以会倾斜，是由地基土层的特殊性造成的，其地基持力层为粉砂，下卧层为粉土和黏土层，设计师未考虑到地基沉陷问题而导致塔身向南倾斜，一侧下沉 1m 多，另一侧下沉约 3m，南北两端沉降差 1.8m，倾斜 5.5°。

（2）**地基强度破坏问题**。1913 年秋竣工完成的加拿大特朗斯康谷仓，在竣工后装载货物近容积的 90% 时，谷仓 1h 内垂直沉降达 30.5cm，结构物向西倾斜，在 24h 内谷仓倾倒，西端下沉 7.32m，东端上抬 1.52m，仓筒倾斜 27°。

事故原因是谷仓基础下埋藏有厚达 16m 的软黏土层，事先却未进行调查研究。根据邻近结构物基槽开挖试验结果，地基实际承载力为 193.8～276.6kPa，远小于地基破坏时实际作用的基底压力 329.4kPa，地基土遭受强度破坏发生了整体滑动，这是建筑物失稳的典型例子。这种事故往往一发生就是灾难性的，比基础沉降引起的工程事故要严重得多。

（3）**渗透变形问题**。美国的提堂（Teton）坝位于爱达荷州斯内克（Snake）河流的支流提堂（Teton）河上，大坝最大高度为 126.5m，长近 1000m，水库总库容 3.6

亿 m^3，是一座防洪、发电、旅游、灌溉等综合利用工程。

工程于 1971 年开工，1975 年 10 月大坝建成并开始蓄水。

1976 年 6 月 5 日上午 10：30 左右，下游坝面有水渗出并带出泥土。

11：00 左右，洞口不断扩大并向坝顶靠近，泥水流量增加。

11：30 左右，洞口继续向上扩大，泥水冲蚀了坝基，主洞的上方又出现一渗水洞，流出的泥水开始冲击坝趾处的设施。

11：50 左右，洞口加速扩大，泥水对坝基的冲蚀更加剧烈。

11：57 坝坡坍塌，泥水狂泻而下。

12：00 过后，坍塌口加宽。

最后，洪水扫过下游谷底，附近所有设施被彻底摧毁。提堂（Teton）坝坍塌冲毁，属于渗透破坏中的管涌破坏。

以上列举的是实际工程问题中世界范围内的典型案例，我国在工程建设中也出现了一些案例。比如，建于公元 959—961 年的苏州虎丘塔，堪称中国第一斜塔；1998 年长江流域发生特大洪水时，据统计长江堤防出现的多处险情中，渗流约占 85％以上；水闸由于不均匀沉降导致闸门启闭困难、各类挡土墙的坍塌，等等。

综上，土在工程建设中所对应的工程问题可归结为：土体的沉降变形问题，包括均匀沉降和不均匀沉降；土体的渗透变形问题，也称为渗透破坏问题；土体的强度破坏问题，也称为土的稳定问题。让我们带着以上工程中遇到的实际问题，开启土力学课程的学习之旅吧。

三、土力学的研究内容

土力学是运用力学的知识、原理以及土工试验研究土的应力、变形、渗透、强度稳定性等特性与规律的一门学科，是为建筑、水利、桥梁、道路、机场、港航等工程技术服务的，是力学的一个分支。

学习内容共划分为以下四大模块：

（1）基本概念模块，即第 1 章土的物理性质及工程分类，其所涉及的基本概念、公式、土的物理性质与物理状态、工程分类等是学习后续内容的基础。

（2）土体的渗透变形模块，即土体在渗流作用下产生的渗透变形，也称为渗透破坏。

（3）地基土的沉降变形模块，土体中的应力计算及土的压缩性作为理论基础，应用于地基土的沉降计算。

（4）土的强度稳定性模块，土的抗剪强度作为本模块的基础理论，土压力、土坡稳定及地基承载力是强度理论的具体应用。各模块自成体系，但又存在有机联系，同学们在学习过程中慢慢去体会。

四、本课程的特点与学习要求

土力学课程具有理论性强，知识点多，公式多，图表图形多等特点，这就导致学习难度较大，推导运算量较大，同学们学习时应重视与其他学科的联系，需要具备理论力学、材料力学、水力学、建筑材料、工程地质等先修课程的基本知识。对于涉及的大量概念、理论、内容、公式要联系记忆，抓住重点，不能死记硬背。本课程是一门理论性与实践性均较强的课程，学习过程中应重视土工试验技术，加深对理论知识的理解。

　　希望通过本课程的学习，同学们能够掌握土力学的基本概念、基本原理及相应的计算方法，并获取将理论知识应用于工程实践的应用意识和基本思路方法。

　　绪论部分就介绍到这里，感谢大家的聆听！

第1章 土的物理性质及工程分类

第1-1讲 土的三相组成——土的固相

同学们，大家好，欢迎来到土力学慕课课堂！

今天我们来学习土力学课程第1章的内容，土的物理性质及工程分类。本章主要学习土的三相组成中的固相、液相以及气相，三相指标的定义及指标间的换算关系，土的物理状态及其判断方法，最后介绍土的工程分类。

首先我们来学习土的三相组成。通常情况下自然界中的土是由固体颗粒、水和气体共同组成的三相体系，称为土的**固相、液相和气相**，如图1-1所示。土的固体颗粒简称土粒，构成土的骨架，其尺寸大小、形状、矿物成分及组成情况对土的工程力学性质起决定性作用。同时，土中的水对土的工程性质也有着重要影响，工程界一致认为"因为有了水，土力学的问题就复杂了一倍"，这句话毫不夸张，同学们在今后的学习过程中会慢慢体会。土中的气体存在于土孔隙中未被水所占据的部位，在组成土的三相体系中，土中气体对土的影响相对居于次要地位。

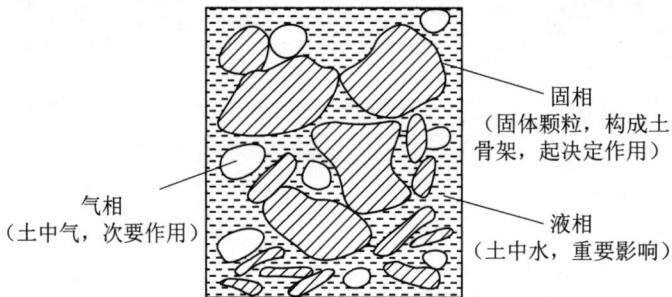

图1-1 土的三相组成

我们来学习土的固相，来了解**粒度**和**粒组**两个基本概念。自然界中的土都是由大小不同的粒径颗粒组成的，当土颗粒的粒径由粗到细发生变化时，土的性质也相应发生变化。土颗粒的粒径大小称为**粒度**。所谓**粒组**是指工程中为了描述方便，常把大小、性质相近的土粒合并成组，所以土粒的工程性质有明显差异的分界粒径是划分粒组的依据。国内外广泛采用的粒组有漂（块）石、卵（碎）石、砾粒、砂粒、粉粒和黏粒。漂（块）石、卵（碎）石称为巨粒组，砾粒、砂粒称为粗粒组，粉粒、黏粒称为细粒组。

我国现行国家标准《土的工程分类标准》（GB/T 50145—2007）及水利部标准《土

工试验规程》（SL 237—1999）采用的粒组划分界限，如图 1-2 所示，具体见表 1-1。

図 1-2　土的粒组划分

表 1-1　　　　　　　　　　　　　　　　　　土 的 粒 组 划 分

粒　组	颗　粒　名　称		粒径 d 的范围/mm
巨粒	漂（块石）		$d>200$
	卵（碎石）		$60<d\leqslant200$
粗粒	砾粒	粗砾	$20<d\leqslant60$
		中砾	$5<d\leqslant20$
		细砾	$2<d\leqslant5$
	砂粒	粗砂	$0.5<d\leqslant2$
		中砂	$0.25<d\leqslant0.5$
		细砂	$0.075<d\leqslant0.25$
细粒	粉粒		$0.005<d\leqslant0.075$
	黏粒		$d\leqslant0.005$

需要注意的是：粒组是依据粒径大小、性质相近的原则**人为划分**的，由于历史原因，目前我国各部门的粒组划分标准并不完全一致，使用时须参考相应的规范及规程。

土粒的大小及其组成情况，通常以土中各粒组的质量占总质量的百分数来表示，称为土的**颗粒级配**或**粒度成分**。实践中，常用的颗粒级配分析方法有筛分法和密度计法。**筛分法**适用于粒径 d 在 0.075～60mm 范围内的土，**密度计法**适用于粒径 d 小于 0.075mm 的土，**当土样中粗细粒径兼有时，两种方法联合使用。**

下面我们来学习筛分法，筛分法是将按规定方法取得的一定质量的风干试样放入从上到下孔径由大到小依次叠好的标准套筛中，置于振筛机上充分振摇后，称出留在各级筛上的土粒质量，按下式计算出小于某一筛孔土粒粒径的质量百分含量：

$$X=\frac{m_i}{M}\times100\%\qquad(1-1)$$

式中　X——小于某一粒径的试样质量占总质量的百分数；

m_i——小于某粒径的试样质量，g；

M——试样总质量，g。

对于粒径小于 0.075mm 的土使用密度计法。密度计法是指使用密度计，利用不同大小的土粒在水中的沉降速度不同来确定小于某粒径的土粒含量的方法。

两种试验方法的具体操作详见《土工试验方法标准》（GB/T 50123—2019）和《土工试验规程》（SL 237—1999）或相关的实验指导书。

将筛分法和密度计法的试验结果绘制于半对数坐标纸上，称为土的**颗粒级配曲线**。颗粒级配曲线的横坐标为土颗粒的粒径，以 d 表示，用**对数坐标**；纵坐标为小于某粒径的试样百分含量，用**几何平分坐标**。那为什么横坐标轴不用我们常见的几何平分坐标呢？这是由于土中所含粗细颗粒的粒径往往相差成千上百倍，且细粒土的含量对土的性质影响很大，又不能忽略。因此表示粒径的横坐标常取用对数坐标，如图 1-3 所示。

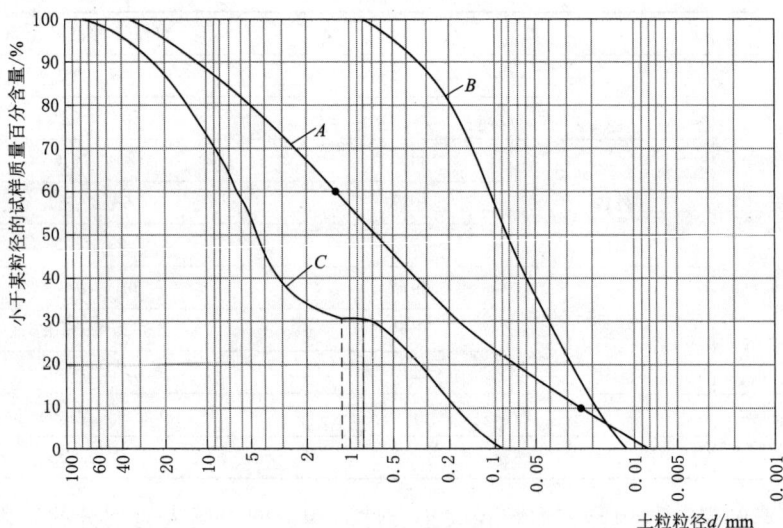

图 1-3　土的颗粒级配曲线

从该曲线图上可以明确土粒的粗细程度及粒径分布的均匀连续程度，从而判断土的级配优劣，为工程选料及土的分类等提供理论依据。如图中曲线 A 和 B 所代表的两种土，可以看出其粒径分布都是连续的，曲线 A 比较平缓，而曲线 B 则比较陡，但都是渐变的，无明显的水平段，这样的级配称为**连续级配**。曲线 C 所代表的土，由于缺乏 0.8～1.2mm 粒径的土粒，如曲线中的水平段，这样的级配称为**不连续级配或粒径缺失**。

土的级配情况是否良好，常用**不均匀系数** C_u 和**曲率系数** C_c 来定量描述。

不均匀系数
$$C_u = \frac{d_{60}}{d_{10}} \tag{1-2}$$

曲率系数
$$C_c = \frac{(d_{30})^2}{d_{60} d_{10}} \tag{1-3}$$

式中　d_{60}——颗粒级配曲线上小于该粒径的土含量占总质量 60% 时所对应的粒径，也称为**限制粒径**，mm；

d_{10}——颗粒级配曲线上小于该粒径的土含量占总质量 10% 时所对应的粒径，也称为**有效粒径**，mm；

d_{30}——颗粒级配曲线上小于该粒径的土含量占总质量 30% 时所对应的粒径，

也称为**连续粒径**，mm。

不均匀系数 C_u 用来描述颗粒级配的不均匀程度，C_u 越大，曲线越平缓，表示土粒越不均匀，级配越好，对于工程中的填土就易于压实；相反，不均匀系数 C_u 越小，曲线就会越陡，表示土粒越均匀，级配不好。工程上把 $C_u<5$ 的土视为级配不良的土，而把 $C_u>10$ 的土视为级配良好的土。

曲率系数 C_c 用来描述颗粒级配曲线的整体形态及连续性。如图 1-3 中曲线 C 所代表的土样，可以推断水平段范围内所包含的粒组含量为零，即缺失某一粒组。如果水平段的范围较大，则颗粒粗得很粗，细得特细，此类土在同样的压密条件下，得到的压实密度就不如级配连续的土高，其他工程性质也会较差。工程经验表明：曲率系数 $C_c<1$ 的土往往级配不连续，而 $C_c>3$ 的土级配也是不连续的，只有当曲率系数 C_c 为 1～3 时，土的级配连续性较好。

因此，工程中要满足级配良好的要求，除不均匀系数 $C_u \geqslant 5$ 外，还要求曲线有较好的连续性，所以，**工程中对土的级配规定：①不均匀系数 $C_u \geqslant 5$，且曲率系数 C_c 为 1～3 的土，称为级配良好的土；②不能同时满足上述两个条件的土，称为级配不良。**

级配良好的土经压实后，细颗粒充填于粗颗粒所形成的孔隙中，容易得到较高的干密度和较好的力学特性，此类土若作为地基，则强度高，压缩性低，透水性小，稳定性好；作为填方工程材料，比较容易获得较大的密实度，是堤坝或其他土建工程良好的填方用土。而级配均匀的土孔隙较多较大，有较好的渗透性，可用于水工建筑物的排水结构和反滤层中。在工程实践中，应根据实际需要选择土的级配。

下面我们来学习土粒的矿物成分。

土的固体颗粒是土三相组成中的主体，其大小、形状、矿物成分及组成决定土的工程力学性质。土的固体颗粒成分包括无机矿物和有机质，它们是构成土骨架最基本的物质。**土的无机矿物可分为原生矿物和次生矿物两大类。**

原生矿物是岩石经物理风化生成的粗大颗粒，其中碎石土和砂土主要由原生矿物组成，其矿物成分与母岩相同，常见的有石英、长石、云母等。由原生矿物构成的土，密度大，强度高，透水性大，压缩性小，工程性质比较稳定。

次生矿物是原生矿物经化学风化后形成的新矿物，性质与母岩完全不同，是构成黏性土的主要成分，代表性矿物有蒙脱石、伊利石、高岭石。其特性是颗粒细小，比表面积大，吸附水的能力强，能发生一系列复杂的物理、化学变化，性质不稳定，具有塑性。医药行业使用蒙脱石散来治疗腹泻，就是通过其极强的吸水性吸附肠道内的水分，同时吸附抑制细菌毒素。

土层中经常会含有有机质，有机质是由动植物残骸分解而成的，颗粒极细，亲水性很强，所以有机质的含量对土的影响很大。土中有机质增加，可使土的性质明显变差，吸水性增强，透水性变弱，固结速度慢，压缩性高，强度低等，对土的物理力学性质具有不利影响，因此在工程中，对土的有机质含量提出一定的限制。

本节课讲到这里，感谢您的聆听！

第 1 - 2 讲　土的三相组成——土的液相和气相

同学们，大家好，欢迎来到土力学慕课课堂！本讲我们来学习土的三相组成中土的液相和气相部分。

一、土的液相——土中水

组成土的第二种主要成分便是存在于土孔隙中的水，自然界中的土或多或少均含有水，土中水的含量显著影响土的性质，尤其是黏性土。结晶水存在于矿物结晶构造之中，只有在高温下才能使之从矿物中析出，故可把它视作矿物本身的一部分。除此之外，土中的水可以分为**结合水**和**自由水**两大类。

1. 结合水

结合水是指受电场作用力吸附于土粒表面呈薄膜状的水，在电场范围内，水中的阳离子和极性水分子被吸引在颗粒四周，定向排列，如图 1 - 4 所示。最靠近颗粒表面的水分子所受的电场作用最强，随着水分子远离颗粒表面，作用力很快衰减，直至电场以外不受电场力作用。受颗粒表面电场作用力吸引而包围在颗粒四周的水，其自身重力不起主要作用，因而不会因自身的重力而流动，这部分水称为**结合水**。结合水受土粒表面引力的作用，而不服从水静力学规律，其冰点低于零度。结合水因离颗粒表面的远近不同，受电场作用力的大小不一样，可以分成**强结合水**和**弱结合水**两类。

（1）**强结合水**。紧靠土颗粒表面的水分子受到很强的电场力作用，定向排列得十分紧密，称为**强结合水**，也称为**吸着水**。这种水的性质和普通水有着本质的区别，密度为 1.2~2.4g/cm³，无溶解能力，不受重力作用，也不能传递静水压力，冰点为 - 78℃，在 100℃时不蒸发，其性质接近固体，不能自由移动，具有较大的黏滞性、弹性及抗剪强度。强结合水包括在土的含水率中。

（2）**弱结合水**。土粒表面的电场引力随着与土颗粒表面距离的增大而迅速降低，强

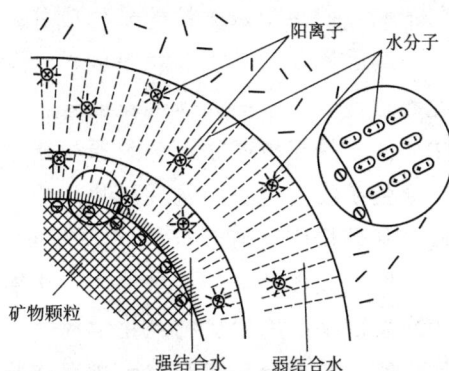

图 1 - 4　结合水示意图

结合水以外、电场作用范围以内的水仍有定向排列的趋势，但不如强结合水那么紧密。这种紧靠于强结合水外围的结合水称为**弱结合水，也称为薄膜水**。弱结合水受力时能从水膜较厚处缓慢地滑到水膜较薄处，也可以因电场引力从一个土粒的周围转移到另一个土粒周围，但不会因自身的重力作用而自由流动，同时也没有溶解能力，不能传递静水压力。弱结合水膜能够相对滑动是黏性土在某一含水率范围内表现出可塑性的原因。图 1 - 5 为土中水模拟示意图。

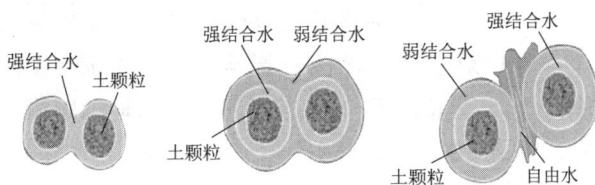

图 1-5　土中水模拟示意图

2. 自由水

随着水量增多，水膜增厚，越来越多的水分子排列在外围，与土粒距离不断增大，电场引力逐渐减小，弱结合水逐步过渡为**自由水**。自由水是存在于土粒电场影响范围以外不受电场引力作用的土中水，其性质与普通水一样，冰点为 0℃，具有溶解能力，能传递静水压力，能够自由流动。自由水按其移动时所受作用力的不同又分为**重力水**和**毛细水**两类。

（1）**重力水**。重力水是存在于地下水位以下透水土层中的地下水。它是在重力作用下或水头压力作用下运动的自由水，对**土粒有浮力**作用，在土力学的有关计算中，应当考虑重力水的影响。同时，重力水在土孔隙中流动时，对所流经的土体施加渗透力会给工程带来诸多问题，比如流土、管涌、潜蚀等，基坑工程的降水、排水等，是地下工程排水和防水工程的主要控制因素之一。

（2）**毛细水**。毛细水是存在于**地下水位以上**的透水土层中，受水与空气表面张力作用而存在于细小孔隙中的自由水。毛细水的形成过程可用物理学中的毛细管现象来解释。毛细水的上升高度与土中孔隙的大小和形状，土粒矿物组成以及水的性质有关。在工程中，毛细水的上升高度和速度对于建筑物地下部分的防潮措施和地基土的浸湿、冻胀等有重要影响。在干旱地区，

图 1-6　塔里木河上游灌区土壤次生盐碱化

地下水中的可溶性盐随毛细水上升后不断蒸发，盐分积累于靠近地面处而形成盐渍土。如图 1-6 所示，塔里木河上游灌区土壤次生盐碱化现象非常严重。

接下来我们来了解土中的**气相部分**。

二、土的气相——土中气

土中的气体存在于土孔隙中未被水占据的部位。在组成土的三相体系中，土中气体对土的影响相对居于次要地位。土中的气体可分为与大气相通的**自由气体**和与大气

不相通的**封闭气泡**两种，如图 1-7 所示。

封闭气泡 自由气体

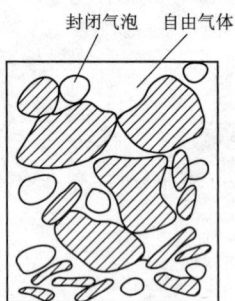

图 1-7 土中的气体

自由气体的成分与空气相似，受外荷载作用时易被挤出土外，对土的力学性质影响不大；封闭气泡常见于黏性细粒土中，气泡体积与压力有关，在外荷载作用下，压力增加时可被压缩或溶解于水中，而外荷载减小时体积又会反弹膨胀。因此，封闭气泡的存在增加了土的弹性，同时还可阻塞土中的渗流通道，减小土的渗透性，对土的性质有较大的影响。

到目前为止我们学习了**土的三相体系组成**，即**固相、液相和气相**，三者共同决定土的物理力学性质与物理状态等。

现对土的三相组成做一小结，如图 1-8 所示，固相是土的三相组成中需要重点掌握的内容，包括土的粒度、粒组、颗粒级配概念、试验、曲线，以及由颗粒级配曲线计算出的两个参数 C_u 和 C_c，并能够判断土的级配是否良好。

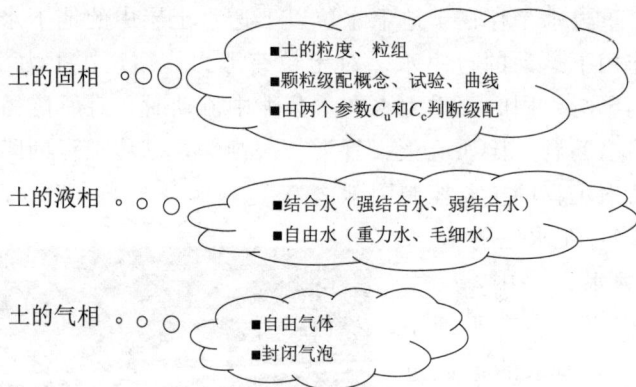

土的固相 ○○○
■土的粒度、粒组
■颗粒级配概念、试验、曲线
■由两个参数 C_u 和 C_c 判断级配

土的液相 ○ ○
■结合水（强结合水、弱结合水）
■自由水（重力水、毛细水）

土的气相 ○ ○
■自由气体
■封闭气泡

图 1-8 土的三相组成小结

土的液相中，学习了弱结合水使黏性土在某一含水率范围内表现出可塑性，**塑性**是黏性土的主要特征之一。自由水中的重力水和毛细水均能够传递静水压力，重力水会对土颗粒产生浮力，在有关地基土的应力计算中，需要考虑重力水的影响，当它在土孔隙中流动时，对所流经的土体施加渗透力，对土体的稳定性不利。

土的气相部分，对自由气体和封闭气泡了解即可。

好，同学们，本节课就讲到这里，感谢您的聆听！

第 1-3 讲 土 的 物 理 性 质 指 标

同学们，大家好，欢迎来到土力学慕课课堂！这节课我们来学习土的物理性质指标。

我们之前学习了土是三相体系，知道固相、液相和气相对土的工程性质均有影响，为了全面反映土的物理性质，需要了解其三相在质量和体积方面的比例关系。表示三相定量比例关系的指标，称为**土的物理性质指标**。

自然界中的土，土颗粒、水和气体三相物质是混杂在一起的。为了便于表述和计算，把土颗粒、水、气体分别集中起来考虑，成为理想化的**模型**，即：土颗粒全部集中在一起，液体水集中在一起，土中的气体也单独集中在一起，即为土的**三相比例关系图**，简称**三相草图**，用来表示各部分之间的数量关系，如图 1-9 所示。

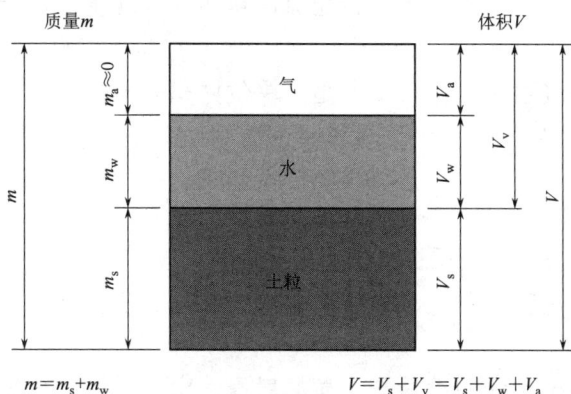

图 1-9 土的三相草图

在三相草图的左侧标出土中各相的质量。下角标 s 表示土粒，w 表示土中水，a 表示土中气体。即 m_s 为土中固体颗粒的质量，m_w 为土中水的质量，土中气体的质量 m_a 约等于 0，可以忽略不计，土的总体质量用 m 表示，存在关系式 $m = m_s + m_w$。

三相草图右侧表示各相体积，即 V_s 为土中固体颗粒的体积，V_w 为土中水的体积，由于气体体积不能忽略，用 V_a 表示，液体水和气体填充在土颗粒之间的孔隙中，孔隙的体积用 V_v 表示，即 $V_v = V_w + V_a$，土的总体积用 V 表示，即存在 $V = V_s + V_v = V_s + V_w + V_a$。

上述土的三相草图中，气体的质量 m_a 忽略不计，共有 m_s、m_w、V_s、V_w 和 V_a 五个独立的物理量，而工程实践中常用的**土的物理性质指标有九大指标**，其中一类须通过实验室试验测定，共有三个，称为直接测定的指标；另一类则可根据直接测定的三个指标换算得出，称为换算指标。

一、直接测定指标

通过实验室试验直接测定的**三个物理性质指标**，分别是土的密度 ρ、土的含水率 ω 以及土粒比重 G_s。

1. 土的密度 ρ

土的密度是指单位体积土的质量，通常也称为土的天然密度，用 ρ 表示，单位为 g/cm^3 或 t/m^3，$1g/cm^3 = 1t/m^3$。表达式为

$$\rho = \frac{m}{V} = \frac{m_s + m_w}{V} \tag{1-4}$$

式中　m——土的质量，g；

　　　V——土的体积，cm^3；

　　　m_s——土颗粒的质量，g；

　　　m_w——土中水的质量，g。

　　细粒土宜采用**环刀法**测定土的密度，环刀具有确定的体积和质量，只要称量出装满土后环刀质量，即可计算出土的密度 ρ。当试样易碎裂，难以切削时，可用蜡封法。天然状态下土的密度因土的矿物组成、孔隙体积和水的含量不同而变化，范围一般为 $1.6\sim2.2\text{g/cm}^3$。

　　工程中还常用**重度**这一概念。重度是指单位体积的土受到的重力，用 γ 表示，单位为 kN/m^3。表达式为

$$\gamma=\frac{W}{V}=\frac{mg}{V}=\rho g\approx10\rho \tag{1-5}$$

式中　W——天然状态下土所受到的重力，kN；

　　　g——重力加速度，$g=9.8\text{m/s}^2$，工程上为了计算方便，常取 $g=10\text{m/s}^2$。

　　2. 土的含水率 ω

　　土的含水率是指土中水的质量与土粒的质量之比，以百分数表示。表达式为

$$\omega=\frac{m_w}{m_s}\times100\%=\frac{m-m_s}{m_s}\times100\% \tag{1-6}$$

式中符号意义同前。

　　需要强调的是，含水率表达式的分母是固体颗粒的质量 m_s，即干土的质量，而不是总质量，此公式同学们很容易出错。

　　土的含水率通常用**烘干法**测定，将适量的土样放入铝盒中，称量湿土的质量和烘干后土样的质量，即可计算出水的质量，进而求出土的含水率。**烘干法为室内含水率试验的标准方法**。在野外无烘箱设备或要求快速测定含水率时，可用酒精燃烧法测定细粒土的含水率。

　　含水率是表示土含水程度的一个重要的物理指标。不同土的天然含水率变动范围很大，一般的粗砂，其值接近零，而饱和砂土，可达 40%；坚硬的黏性土含水率可小于 30%，而饱和软黏土可达 100% 以上，我国云南滇池中的泥炭土含水率甚至高达 300%。一般说来，同一类土，当其含水率增大时，其强度就降低。

　　3. 土粒比重 G_s

　　土粒的质量与同体积纯水 4℃ 时的质量之比称为土粒比重，无量纲。表达式为

$$G_s=\frac{m_s}{V_s(\rho_w)_1} \tag{1-7}$$

式中　$(\rho_w)_1$——4℃时纯水的密度，取 1g/cm^3。

　　土粒比重用**比重瓶法**测定，适用于粒径小于 5mm 的土。

　　土粒比重变化范围不大，细粒土一般为 $2.70\sim2.75$，砂土一般为 2.65 左右，土中有机质含量增加时，土粒比重减小。由于土粒比重试验过程复杂，所以一般情况下

可按经验数值选用。

三个直接测定指标的试验方法，详见《土工试验方法标准》（GB/T 50123—2019）和《土工试验规程》（SL 237—1999）或相关的实验指导书。

二、换算指标

测出土的密度 ρ、土的含水率 ω 以及土粒比重 G_s 后，就可以根据三相草图计算三相组成中各部分的质量和体积，进而计算出将要学习的换算指标。工程上为了便于表述，定义如下常用的**六个换算指标**，其中三个是不同情况下土的密度指标，分别为干密度 ρ_d、饱和密度 ρ_{sat} 和有效密度 ρ'；三个为描述土孔隙体积相对大小的指标，即孔隙比 e、孔隙率 n 和饱和度 S_r。

1. 干密度 ρ_d

单位体积土中土粒的质量称为土的干密度，用 ρ_d 表示，单位为 g/cm^3，如图 1 - 10 所示。表达式为

$$\rho_d = \frac{m_s}{V} \qquad (1-8)$$

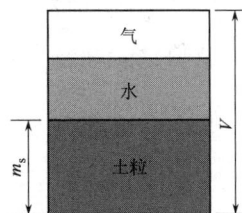

图 1 - 10　土的干密度草图

注意：土的干密度并不是指烘干状态下土的密度，不只是干土才有干密度，各种状态下的土都有对应的干密度。土的干密度是利用直接测定的指标密度 ρ 和含水率 ω 进行换算的。

工程中填筑土坝、路基等，常用土的干密度来评定压实后密实程度，以控制填土工程的施工质量，干密度越大表明土体越密实，反之越疏松。

2. 饱和密度 ρ_{sat}

土中孔隙完全被水充满处于饱和状态时，单位体积土的质量称为土的饱和密度，用 ρ_{sat} 来表示，如图 1 - 11 所示。表达式为

$$\rho_{sat} = \frac{m_s + m_w}{V} = \frac{m_s + V_v \rho_w}{V} \qquad (1-9)$$

土的饱和密度一般为 $1.8 \sim 2.3 g/cm^3$。

3. 有效密度 ρ'

位于地下水位以下的土，受到水的浮力作用，其有效重量减小。单位土体积内土粒质量与同体积水的质量之差称为土的有效密度，也称为**浮密度**，如图 1 - 12 所示。表达式如下：

$$
\begin{aligned}
\rho' &= \frac{m_s - V_s \rho_w}{V} \\
&= \frac{m_s + m_w}{V} - \frac{V_w \rho_w + V_s \rho_w}{V} \\
&= \rho_{sat} - \rho_w
\end{aligned} \qquad (1-10)
$$

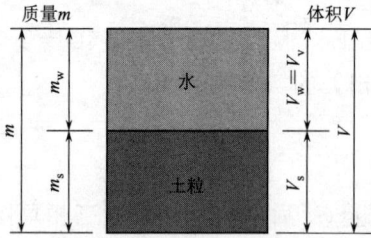

图 1-11　土的饱和密度草图

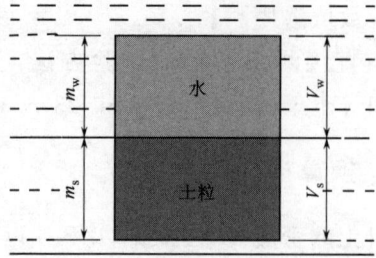

图 1-12　土的有效密度草图

上面我们学习了土体在不同情况下的密度指标，同时，每种密度也有其对应的重度，干密度 ρ_d、饱和密度 ρ_{sat}、有效密度 ρ' 对应的重度分别为干重度 γ_d、饱和重度 γ_{sat}、有效重度 γ' 即浮重度，以上各重度分别表示土体在不同情况下单位体积所受的重力，数值上分别等于相应的密度乘以重力加速度 g，关系如下：

$$\gamma_d = \rho_d g \tag{1-11}$$

$$\gamma_{sat} = \rho_{sat} g \tag{1-12}$$

$$\gamma' = \rho' g \tag{1-13}$$

同时，根据饱和密度与有效密度的关系，地下水位以下土体受到水的浮力作用，**土的有效重度等于土的饱和重度减去水的重度**，表达式为

$$\gamma' = \gamma_{sat} - \gamma_w \tag{1-14}$$

对上述学习的有关土的四个密度指标和对应的四个重度指标进行比较，从四个密度的表达式可以看出，同一种土在各种情况下的密度、重度分别有如下关系：

$$\rho_{sat} \geqslant \rho \geqslant \rho_d > \rho' \tag{1-15}$$

$$\gamma_{sat} \geqslant \gamma \geqslant \gamma_d > \gamma' \tag{1-16}$$

位于地下水位以下部分的土体基本是饱和的，这时天然密度就基本等于饱和密度；而在极干燥的沙漠中，天然密度则基本等于干密度。

4. 孔隙比 e

土的孔隙比为土中孔隙的体积与土粒的体积之比，用 e 表示，以小数计，如图 1-12 所示。表达式为

$$e = \frac{V_v}{V_s} \tag{1-17}$$

5. 孔隙率 n

土的孔隙率为土中孔隙的体积与土的总体积之比，用 n 表示，以百分数计，如图 1-13 所示。表达式为

$$n = \frac{V_v}{V} \times 100\% \tag{1-18}$$

土的孔隙比 e 和孔隙率 n 都可用来表示同一种土的松密程度，主要与土的颗粒级配及颗粒的排列状况有关。同一类土的孔隙比越大，说明土越疏松；孔隙比越小，说

明土越密实。工程中常用孔隙比 e 来评价土在天然状态下的松密程度，或者通过孔隙比的变化来反映土体所受荷载作用下的压密程度，进而计算压缩系数等。一般粗粒土的孔隙率或孔隙比小，而细粒土的孔隙率或孔隙比大。

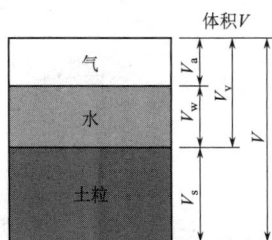

图 1-13 土的孔隙比、孔隙率、饱和度草图

6. 饱和度 S_r

土中孔隙水的体积与孔隙体积之比，用 S_r 表示，以百分数计，如图 1-13 所示。其表达式为

$$S_r = \frac{V_w}{V_v} \times 100\% \qquad (1-19)$$

饱和度反映了土的孔隙被水填充的程度，绝对干燥的土 $S_r=0$，而完全饱和的土 $S_r=100\%$，根据土中孔隙的特点，总会或多或少存在一些封闭气泡，所以水不可能充满全部孔隙，工程实际中，当土的饱和度大于 80% 时可认为是饱和土。土的饱和程度对于土体，尤其是细砂的强度影响很大，因为饱和的粉砂、细砂在振动或渗流作用下，容易丧失其稳定性。

砂土根据饱和度划分为以下三种状态：

$S_r \leqslant 50\%$，稍湿；$50\% < S_r \leqslant 80\%$，很湿；$S_r > 80\%$，饱和。

到目前为止，表示土体三相比例关系的九个指标我们已全部学习完毕，同学们需要掌握三相草图的逻辑关系，在理解每个指标概念的基础上，能够熟练运用三相草图写出各指标的概念表达式，这样就能做到概念清晰，理解透彻，不容易出错，为本门课程的后续学习打好基础。

本节课就讲到这里，感谢您的聆听！

第 1-4 讲 三 相 指 标 换 算

同学们，大家好，欢迎来到土力学慕课课堂！这节课我们来学习三相指标之间的换算。

在土力学中可以忽略气体的质量，即认为 $m_a=0$，同时也可以近似认为水的密度等于 1.0g/cm^3，所以在数值上 $m_w=V_w$。只要通过试验确定三个独立的指标，就可以使用三相草图确定或者换算三相间的相对比例关系，计算出其他指标；干土或饱和土为两相体，只要知道其中两个独立的指标就可以计算出其他各个指标的值。

一、孔隙率 n 与孔隙比 e 的关系

已知孔隙比 e，请同学们推导出孔隙率 n 与孔隙比 e 之间的关系表达式。

假设土体内土粒的体积 $V_s=1\text{m}^3$，根据孔隙比定义 $e=V_v/V_s$，可以得出孔隙的体积 V_v 在数值上等于 e，则土的总体积 $V=V_s+V_v=1+e$，如图 1-14 所示。

根据孔隙率的定义，可以证明两者之间存在如下关系：

$$n = \frac{V_v}{V} = \frac{e}{1+e} \tag{1-20}$$

同学们试着用三相草图换算出孔隙比 e 与孔隙率 n 的关系，结果如下：

$$e = \frac{n}{1-n} \tag{1-21}$$

二、干密度 ρ_d 与天然密度 ρ 和含水率 ω 的关系

已知土的天然密度 ρ 和含水率 ω，试推导其干密度 ρ_d 与天然密度 ρ 和含水率 ω 的关系表达式。

假设土体的总体积 $V = 1m^3$，根据土的干密度定义 $\rho_d = \frac{m_s}{V}$，只要知道 m_s 即可。

根据土体密度的定义 $\rho = \frac{m}{V}$，可以推导出单位土体的总质量 m 在数值上等于土的密度 ρ，即 $m = \rho$，如图 1-15 所示。

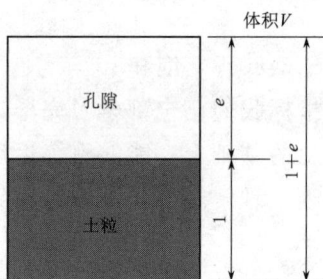

图 1-14　孔隙率与孔隙比
换算三相草图

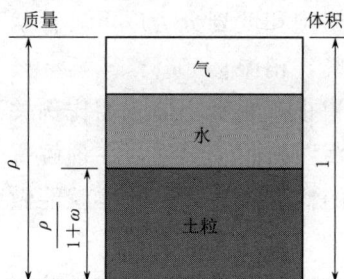

图 1-15　干密度与天然密度
和含水率的关系三相草图

再根据已知的含水率定义 $\omega = \frac{m_w}{m_s} = \frac{m - m_s}{m_s}$，进而推导出 $m_s = \frac{m}{1+\omega}$；从而推导出土粒质量 m_s 在数值上等于 $\frac{\rho}{1+\omega}$；所以：

$$\rho_d = \frac{\rho}{1+\omega} \tag{1-22}$$

从上述的换算思路可知：**换算过程中利用的是三相指标之间的比例关系，与物质的量的多少没有关系**，比如密度 ρ、含水率 ω、孔隙比 e 等任一指标都不会因为土样的多少而发生变化，也就是三相的相对比例关系不变；至于解题过程中假设 $V_s = 1m^3$ 或 $V = 1m^3$，并不影响指标的最终计算结果，常常根据已知指标的分母上的体积来确定假设量。

课后同学们可以利用本节课学习的思路，在三相草图的基础上试着推导其他的换算公式，三相比例指标之间的换算关系详见所学教材。

下面对土的物理性质指标这部分内容进行小结：该部分学习了土的三相草图、九大指标以及指标之间的换算。其中**三个直接测定指标**为土的天然密度 ρ、含水率 ω 以及土粒比重 G_s。**六个换算指标**为干密度 ρ_d、饱和密度 ρ_{sat}、有效密度 ρ'、孔隙比 e、孔隙率 n 和饱和度 S_r（图 1-16）。

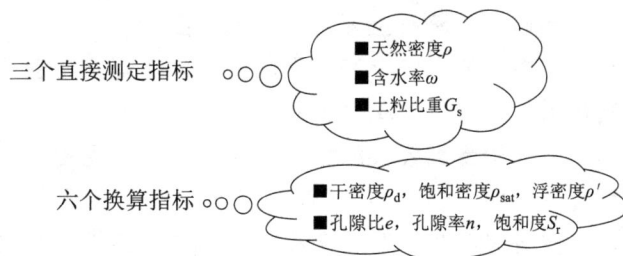

三个直接测定指标 ○○○○
■天然密度 ρ
■含水率 ω
■土粒比重 G_s

六个换算指标 ○○○○
■干密度 ρ_d，饱和密度 ρ_{sat}，浮密度 ρ'
■孔隙比 e，孔隙率 n，饱和度 S_r

图 1-16　土的九大指标

对于上述指标，常用的反映土松密程度的指标有土的干密度 ρ_d、孔隙比 e、孔隙率 n；反映了土含水程度的指标有含水率 ω 和饱和度 S_r。

除此之外常用的换算指标要铭记于心，便于后续熟练使用，部分换算关系如图 1-17 所示，其余参考土力学教材。

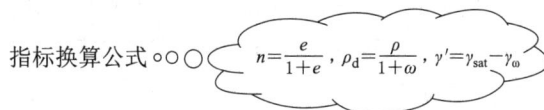

指标换算公式 ○○○○
$n = \dfrac{e}{1+e}$，$\rho_d = \dfrac{\rho}{1+\omega}$，$\gamma' = \gamma_{sat} - \gamma_\omega$

图 1-17　土的部分指标换算关系

本节课就讲到这里，感谢大家的聆听！

第 1-5 讲　土的结构及物理状态——粗粒土

同学们，大家好，欢迎来到土力学慕课课堂！这一讲我们来学习土的结构及土的物理状态。

土的组成成分并不是决定土性质的唯一因素，很多试验资料表明，同一种土，原状土样和重塑土样的力学性质有很大差别，另一种对土的性质影响很大的因素是土的结构。

土的结构是指土粒或团粒在空间的排列方式及它们之间的联结特征。土的天然结构是其在沉积和存在的整个历史过程中形成的，因组成、沉积环境和沉积年代不同形成了各色各样极其复杂的结构。土的**物理状态**是指土的松密和软硬程度。**对于粗粒土是指土的松密程度；对于细粒土则是指土的软硬程度或称为黏性土的稠度。**

下面我们来认识粗粒土的结构，并以砂土为代表讲解粗粒土的物理状态。

一、粗粒土的结构

粒径粗大的颗粒，粒间作用力相对于自身重力较小，土体在沉积形成过程中重力起决定性的作用。粗颗粒在重力作用下下沉时，一旦与已经稳定的颗粒相接触，找到自己的平衡位置，便会稳定下来，形成**单粒结构**。单粒结构的特点是颗粒之间是点与点的接触，是粗粒土（如**砂土、碎石土**等）的结构特征。

在颗粒缓慢沉积过程中，如果没有经受很高的压力作用，特别是没有受到过动力作用时，所形成的结构为**疏松状态的单粒结构**，这种土层未经处理一般不宜作为建筑物的地基或路基。当松散结构受到较大的压力作用，特别是受动力作用后，较小的颗粒和部分破碎的颗粒会发生相对的位移变形，小颗粒填充于大颗粒的孔隙趋于更稳定的结构，孔隙减小，土体变得密实，形成**密实状态的单粒结构**。密实的单粒结构比较稳定，其力学性能较好（强度高、压缩性小），是良好的天然地基。

二、砂土的物理状态

通过上述讲解，我们知道，粗粒土主要包括砂土和碎石土等，都是单粒结构，颗粒之间无黏聚力，也就是通常所说的无黏性土。无黏性土的物理性质主要取决于土的松密程度。

砂土的密实度在一定程度上可用天然孔隙比 e 来评定。孔隙比越大，土体越疏松；孔隙比越小，土体越密实。工程实践中根据孔隙比将砂土的密实程度划分密实、中密、稍密和松散，具体见表 1-2。

表 1-2 　　　　　　　　　　按孔隙比 e 划分砂土的密实度

土 的 名 称	密 实 度			
	密实	中密	稍密	松散
砾砂、粗砂、中砂	$e<0.60$	$0.60\leqslant e\leqslant 0.75$	$0.75<e\leqslant 0.85$	$e>0.85$
细砂、粉砂	$e<0.70$	$0.70\leqslant e\leqslant 0.85$	$0.85<e\leqslant 0.95$	$e>0.95$

使用孔隙比 e 划分砂土密实程度的方法概念清晰、简单方便，**可以比较同种土不同状态的密实程度，但无法反映土的级配情况**，粒径级配不同的砂土即使具有相同的孔隙比，所处的密实状态也会不同。比如同一孔隙比的两种土，对于级配不良的砂土可能已经是密实状态，而对于级配良好的砂土，可能为中密或稍密状态，还可以继续被压实。同学们知道装满一箩筐苹果，还能再装些大豆，最后还能再塞些小米吗？因此，为了克服上述孔隙比 e 未考虑级配的这一缺陷，工程上采用土的相对密度 D_r 来度量，其表达式如下：

$$D_r=\frac{e_{max}-e}{e_{max}-e_{min}} \tag{1-23}$$

式中　D_r——砂土的相对密度，也习惯称为相对密（实）度；

　　　e——砂土在天然状态时的孔隙比；

e_{max}——砂土在最松散状态时的孔隙比，即最大孔隙比，试验室宜采用漏斗法和量筒法制样；

e_{min}——砂土在最密实状态时的孔隙比，即最小孔隙比，实验室宜采用振动锤击法制样。

从上述表达式可以看出，当 $e=e_{max}$ 时，即天然孔隙比等于土的最大孔隙比，此时砂土处于最疏松状态，相对密度 $D_r=0$；当 $e=e_{min}$ 时，即天然孔隙比等于土的最小孔隙比，相对密度 $D_r=1$，砂土处于最密实状态。相对密度 D_r 的值域为 $0\sim1$。

工程实践中，按照相对密度 D_r 将砂土分为密实、中密、松散三种密实状态，具体见表 1-3。

表 1-3　　　　　　　　按相对密度 D_r 划分砂土的密实状态

相对密度 D_r	$D_r\leqslant0.33$	$0.33<D_r\leqslant0.67$	$D_r>0.67$
密度状态	松散	中密	密实

相对密度 D_r 可综合反映土粒形状、级配和结构等因素对密实度的影响，从理论上讲作为判断砂土密实度的标准较为完善，通常多用于填方工程的质量控制中。但对于天然砂土，由于现场采取原状砂土样较为困难，天然孔隙比 e 不易测定，同时实验室测定 e_{max} 和 e_{min} 受

表 1-4　　　　砂土的密实度

标准贯入试验锤击数 N/次	密实度
$N\leqslant10$	松散
$10<N\leqslant15$	稍密
$15<N\leqslant30$	中密
$N>30$	密实

人为因素影响很大，《建筑地基基础设计规范》（GB 50007—2011）采用原位标准贯入试验对于天然砂土的密实度进行评定。标准贯入试验是用质量为 63.5kg 的穿心锤沿 76cm 的落距钻杆自由落下，将管状的标准贯入器击入土中 30cm 相应的锤击数。根据锤击数 N 将天然状态砂土划分为密实、中密、稍密和松散，详细标准见表 1-4。

本节课就讲到这里，感谢大家的聆听！

第 1-6 讲　土的结构及物理状态——黏性土

同学们，大家好，欢迎来到土力学慕课课堂！我们接着来学习黏性土的结构与稠度。

一、黏性土的结构

黏性土的结构不仅与颗粒的大小、形状和黏土矿物有关，而且还与沉积条件有很大关系。黏土颗粒比表面积很大，颗粒很细、很薄，重量极轻，**在结构形成过程中起主导作用的不是重力，而是粒间引力**。黏性土的结构一般分为蜂窝结构和絮凝结构。

蜂窝结构主要是由粒径为 $0.005\sim0.075$mm 的粉粒组成的结构形式。粒径为

$0.005\sim0.075\text{mm}$ 的土粒在水中沉积时，由于土颗粒之间的吸引力大于颗粒本身的重力，在下沉过程中接触到已沉积的土颗粒时，就停留在最初的接触点上不再下沉，如此逐渐形成具有很大孔隙的蜂窝状结构。蜂窝结构的特点是颗粒间点与点接触，常在**粉质黏土**中遇到。具有蜂窝结构的土压缩性大，结构不稳定，不宜作为天然地基。

絮凝结构主要是粒径小于 0.005mm 的**黏粒**组成的结构形式，由于重力作用很小，能在水中长期悬浮，不因自重而下沉。黏粒在水中运动时，一旦相互接触，彼此间很容易吸引并结合在一起，然后成团下沉，形成孔隙很大的絮凝结构，此结构大都呈针状或片状。絮状结构的土孔隙比大、压缩性大、强度低、灵敏度高，一旦受扰动，则强度急剧降低，因而也不宜作为天然地基。

二、黏性土的灵敏度及触变性

天然状态下的黏性土都具有一定的结构性，具有一定的强度，当土体受到外界因素扰动时，如开挖、振动、打桩等，土粒间的平衡体系受到破坏，土的强度显著降低，压缩性大大增加。土的结构性对强度的这种影响用灵敏度 S_t 来表示，**灵敏度**是指原状土的无侧限抗压强度与重塑土的无侧限抗压强度之比，反映黏性土结构性的强弱，即

$$S_t = \frac{q_u}{q'_u} \tag{1-24}$$

式中　　q_u——原状土的无侧限抗压强度，kPa；

　　　　q'_u——重塑土的无侧限抗压强度，kPa。

原状土是指从地层中取出保持原有结构的土，重塑土是将土的结构彻底破坏后再按原状土的密度和含水率制备成的试样。

土的灵敏度越大，结构性越强，受扰动后强度降低越明显。因此，在基础工程施工时应特别注意保护基坑和基槽，尽量减少对基坑底土结构的扰动。根据灵敏度大小将黏性土分为三类，见表 1-5。

表 1-5　　　　　　　　　　　　黏性土的灵敏度划分

灵敏度 S_t	$1 < S_t \leqslant 2$	$2 < S_t \leqslant 4$	$S_t > 4$
结构性分类	低灵敏土	中灵敏土	高灵敏土

黏性土受到扰动后，结构破坏，强度降低，但扰动作用停止后，经过一段时间，土的强度又会随时间逐渐恢复，黏性土的这种性质称为土的**触变性**。这是因为土体中土颗粒、离子和水分子综合体系随着时间而逐渐趋于新的平衡状态，形成新的结构的缘故。在工程施工中，应充分利用土的触变性。例如，在黏性土中打桩时，要一气呵成，桩周土的结构受到破坏，强度降低，使桩容易打入，提高工效；打桩停止后，土的强度逐渐恢复，为了使试验能真实地反映桩的承载力，应静置规定的时间后再进行承载力试验，不影响桩的承载力和沉降变形特征。

三、黏性土的稠度

稠度是指黏性土的软硬程度，是黏性土最主要的物理状态特征。同一黏性土随其含水率的不同而处于不同的稠度状态。当黏性土含水率很大时，土体不能保持其形状，极易流动，比如我们见到的泥浆，称其处于**流动状态**。随着含水率逐渐减小，泥浆状土体变稠，体积收缩，其流动能力减弱，进入**可塑状态**，这时土在外力作用下可塑造成任意形状而不产生裂缝，外力卸除后仍能保持已有的形状，我们把黏性土的这种性质称为**可塑性**。当含水率继续减小，可塑性丧失，土体进入半固体状态。若黏性土的含水率进一步减小，它的体积也不再收缩，土就进入了**固体状态**。这种黏性土从一种状态过渡到另一种状态的分界含水率，称为**界限含水率，包括液限、塑限和缩限，其实质均是某一特定的含水率**。

黏性土由可塑状态转变为流动状态的界限含水率称为**液限**，用 ω_L 表示；由可塑状态转变为半固态的界限含水率称为**塑限**，用 ω_P 表示；由半固态转变为固态的界限含水率称为**缩限**，用 ω_S 表示，如图 1 - 18 所示。

结合同学们之前学习的土的液相部分的知识内容，当黏性土含水率很低时，水都被土颗粒表面的电荷紧紧吸着于颗粒表面，成为强结合水，强结合水的性质接近于固态，按水膜厚薄不同，黏性土分别处于固体状态和半固体状态。当黏性土含水

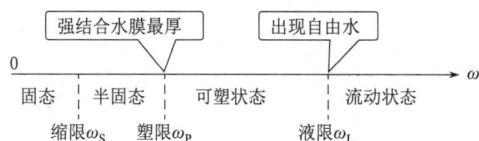

图 1 - 18　黏性土的稠度状态与含水率的关系

率增加到塑限时，理论上强结合水膜达到最厚，即将出现弱结合水，粒间引力变小能够使土颗粒间相互滑动但还不能自由流动，即土体处于可塑状态，弱结合水的存在是黏性土具有可塑性的原因。当含水率继续增加，粒间水膜继续增厚，就会有相当数量的水处于电场引力范围以外，重力开始起主导作用，至此出现自由水，逐渐进入流动状态。

试验室用**液塑限联合测定法**同时测定黏性土的液限和塑限。

液塑限联合测定法使用的仪器为液塑限联合测定仪，试验原理为：联合测定仪中圆锥的入土深度与相应的含水率在**双对数坐标上具有线性关系**。

试验结果如图 1 - 19 所示，以含水率为横坐标，圆锥下沉深度为纵坐标，在双对数坐标纸上绘制关系曲线。当三点在一条直线上时，如图 1 - 19（a）直线 A，在此直线上查得下沉深度为 17mm 处所对应含水率为液限 ω_L，下沉深度为 2mm 处所对应的含水率为塑限 ω_P。

此时需要注意：当试验结果的**三点不在一条直线上**时，应通过**高含水率**的一点 D_1 与其余两点 D_2、D_3 分别连成两条直线，在圆锥下沉深度为 2mm 处查得相应的两个含水率，当两个含水率的差值小于 2% 时，应以两点含水率的平均值与高含水率的点连成一条**修正后**的直线，如图 1 - 19（b）直线 B。在修正后的这条直线 B 上，查

得下沉深度为 17mm 处所对应的含水率为液限 ω_L，下沉深度为 2mm 处所对应的含水率为塑限 ω_P。当圆锥下沉深度为 2mm **处所对应的两个含水率的差值≥2％时，应补做试验**。具体试验方法详见《土工试验方法标准》（GB/T 50123—2019）和《土工试验规程》（SL 237—1999）。

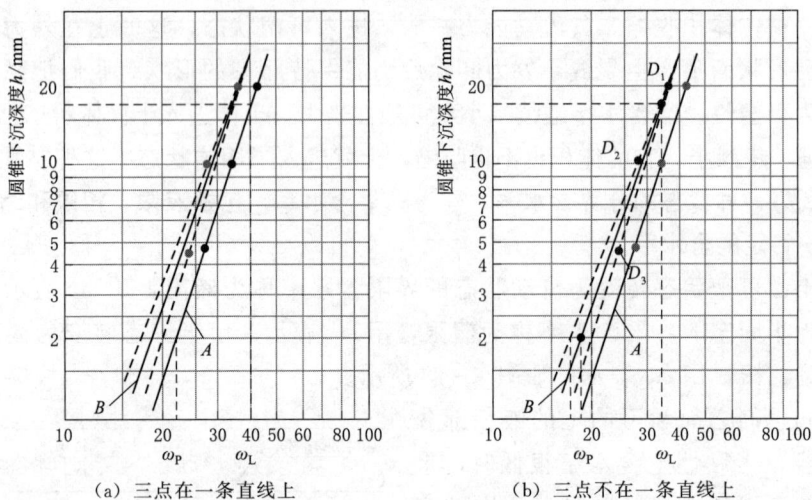

（a）三点在一条直线上　　　　（b）三点不在一条直线上

图 1-19　圆锥入土深度与含水率的关系

四、塑性指数和液性指数

塑性指数 I_P 为液限和塑限的差值，即

$$I_P = \omega_L - \omega_P \tag{1-25}$$

根据工程习惯，塑性指数**去掉％**，用百分数的分子表示。

不同黏性土的液限、塑限不同，从液限到塑限的含水率变化范围愈大，土的可塑性就愈好，其塑性指数也愈大。这一变化范围的大小主要取决于土的比表面积和矿物成分，即塑性指数正是这些因素的综合反映。因此，**在工程上用塑性指数对黏性土进行分类**，具体见表 1-6。

天然含水率在一定程度上说明黏性土的干湿与软硬状态。但是不同的黏性土，即使含水率相同，若它们的液限、塑限不同，其所处的稠度状态可能不同。

表 1-6　　　　黏性土的分类

塑性指数 I_P	$10 < I_P \leqslant 17$	$I_P > 17$
土的名称	粉质黏土	黏土

因此，黏性土的稠度需要一个表征土的天然含水率与分界含水率之间相对关系的指标，即**液性指数** I_L。

液性指数 I_L 是指土的天然含水率减去塑限的差与塑性指数之比。表达式如下：

$$I_L = \frac{\omega - \omega_P}{\omega_L - \omega_P} = \frac{\omega - \omega_P}{I_P} \tag{1-26}$$

液性指数反映黏性土所处的软硬状态。黏性土根据液性指数划分为坚硬、硬塑、可塑、软塑及流塑五种软硬状态，划分标准见表 1-7。

表 1-7 黏 性 土 的 稠 度 状 态

液性指数 I_L	$I_L \leqslant 0$	$0 < I_L \leqslant 0.25$	$0.25 < I_L \leqslant 0.75$	$0.75 < I_L \leqslant 1$	$I_L > 1$
稠度状态	坚硬	硬塑	可塑	软塑	流塑

本节课就讲到这里，感谢您的聆听！

第 1-7 讲　土 的 工 程 分 类

同学们，大家好，欢迎来到土力学慕课课堂！这节课我们来学习本章的最后一节内容——土的工程分类。

自然界的土是天然形成的，种类繁多，工程性质各异。**为了便于研究、评价及工程应用，需要把工程性能相近的土划分为一类，称为土的工程分类。**

当前，国内所使用的土的名称和分类方法并不统一。各个工程部门使用各自制定的规范，究其原因主要是各个部门对土的使用要求和对土的某些工程性质的重视程度不完全相同，制定分类标准时的着眼点也就不同。有些部门侧重于利用土作为建筑地基，有些部门侧重于利用土作为修筑土工结构物的建筑材料，另一些部门又侧重于利用土作为周围介质在土中修建地下构筑物，再加上长期形成的经验和习惯，很难有一个统一的分类标准，比如：

（1）住房和城乡建设部有《土的工程分类标准》（GB/T 50145—2007）、《建筑地基基础设计规范》（GB 50007—2011）。

（2）水利部有《土工试验规程》（SL 237—1999）。

（3）交通运输部有《公路土工试验规程》（JTG 3430—2020）。

（4）国家铁路局有《铁路工程土工试验规程》（TB 10102—2023）。

以上众多的分类标准可以划分为两大体系。

一、两大分类体系

1. 建筑工程系统分类体系

本分类体系侧重把土作为建筑地基和环境，研究对象为原状土。例如《建筑地基基础设计规范》（GB 50007—2011）中地基岩土的分类及工程特性指标。

2. 工程材料系统分类体系

本分类体系侧重把土作为建筑材料，用于路堤、土坝和填土地基工程，研究对象为扰动土。例如《土的工程分类标准》（GB/T 50145—2007）、《土工试验规程》（SL 237—1999）、《公路土工试验规程》（JTG 3430—2020）等标准中土的工程分类。

二、土的分类方法

本讲以两种分类体系为依据，介绍两种国内常用的分类方法。

1.《建筑地基基础设计规范》(GB 50007—2011)

根据粒径大小、各粒组的土粒含量或土的塑性指数，把作为建筑地基的岩石分为岩石、碎石土、砂土、粉土和黏性土五大类，以及人工填土和特殊性土。

(1) **岩石**。颗粒间牢固黏结，呈整体或具有节理隙的岩体称为**岩石**，坚硬程度可根据岩块的饱和单轴抗压强度 f_{rk} 进行分类，共分为坚硬岩、较硬岩、较软岩、软岩和极软岩五类，见表 1-8。

表 1-8　　　　　　　　　　　　　　岩石坚硬程度的划分

坚硬程度类别	坚硬岩	较硬岩	较软岩	软岩	极软岩
饱和单轴抗压强度 f_{rk} /MPa	$f_{rk}>60$	$30<f_{rk}\leqslant60$	$15<f_{rk}\leqslant30$	$5<f_{rk}\leqslant15$	$f_{rk}\leqslant5$

(2) **碎石土**。粒径大于 2mm 的颗粒含量超过全重 50% 的土称为**碎石土**。根据粒组含量及颗粒形状，可细分为漂石、块石、卵石、碎石、圆砾和角砾六类，见表 1-9。

表 1-9　　　　　　　　　　　　　碎 石 土 的 分 类

土的名称	颗 粒 形 状	颗 粒 级 配
漂石	圆形及亚圆形为主	粒径大于 200mm 的颗粒含量超过全重 50%
块石	棱角形为主	
卵石	圆形及亚圆形为主	粒径大于 20mm 的颗粒含量超过全重 50%
碎石	棱角形为主	
圆砾	圆形及亚圆形为主	粒径大于 2mm 的颗粒含量超过全重 50%
角砾	棱角形为主	

注　分类时应根据粒组含量栏从上到下以最先符合者确定。

(3) **砂土**。粒径大于 2mm 的颗粒含量不超过全重 50%，且粒径大于 0.075mm 的颗粒含量超过全重 50% 的土称为**砂土**。砂土根据粒组含量不同又细分为砾砂、粗砂、中砂、细砂和粉砂五类，见表 1-10。

表 1-10　　　　　　　　　　　　　砂 土 的 分 类

土的名称	颗 粒 级 配	土的名称	颗 粒 级 配
砾砂	粒径大于 2mm 的颗粒含量占全重 25%～50%	细砂	粒径大于 0.075mm 的颗粒含量超过全重 85%
粗砂	粒径大于 0.5mm 的颗粒含量超过全重 50%	粉砂	粒径大于 0.075mm 的颗粒含量超过全重 50%
中砂	粒径大于 0.25mm 的颗粒含量超过全重 50%		

注　分类时应根据粒组含量栏从上到下以最先符合者确定。

例如：既满足粒径大于 0.5mm 的颗粒含量超过全重 50%，又满足粒径大于 0.25mm 的颗粒含量超过全重 50%，依据粒组含量栏**从上到下以最先符合者**确定粗砂。

（4）**粉土**。粒径大于 0.075mm 的颗粒含量不超过全重 50%，塑性指数 $I_P \leqslant 10$ 的土称为粉土。粉土不同于砂土和黏性土，其粉粒含量占绝对优势，粗粒和黏粒含量较少。粉土中的水多为自由水，极易振动液化失水，湿陷性大，冻胀性大，地基承载力低，在许多工程问题上表现出较差的力学性质。

（5）**黏性土**。粒径大于 0.075mm 的颗粒含量不超过全重 50%，塑性指数 $I_P > 10$ 的土称为黏性土，黏性土根据塑性指数细分见表 1—11。

以上碎石土和砂土属于粗粒土，粉土和黏性土属于细粒土。粗粒土按粒径级配分类，细粒土则按塑性指数 I_P 进行分类。

表 1—11	黏 性 土 的 分 类	
塑性指数 I_P	$10 < I_P \leqslant 17$	$I_P > 17$
土的名称	粉质黏土	黏土

（6）**人工填土**。由于人类活动而形成的堆积物称为人工填土。物质成分较杂乱，均匀性较差，根据其物质组成和成因，可分为素填土、压实填土、杂填土、冲填土。

2.《土工试验规程》（SL 237—1999）

《土工试验规程》（SL 237—1999）先根据土中的有机质含量将其分为有机土和无机土，对无机土又分为巨粒土、粗粒土和细粒土。

（1）**巨粒土**。本章第一讲我们学习过粒组的划分，粒径 $d > 60$mm 为巨粒。试样中巨粒质量大于总质量 50% 的土称为巨粒类土。巨粒类土又分为巨粒土和混合巨粒土。其中，巨粒质量为总质量 75%～100% 的土称为巨粒土；巨粒质量大于 50%，小于 75% 的土为混合巨粒土；而巨粒质量为 15%～50% 的土为巨粒混合土。

（2）**粗粒土**。根据土的粒组划分，粒径（0.075mm $< d \leqslant 60$mm）为粗粒，粗粒又分为砾粒（2mm $< d \leqslant 60$mm）和砂粒（0.075mm $< d \leqslant 2$mm）。粗粒土可分为砾类土和砂类土。粗粒土中砾粒的质量占总质量的 50% 以上，属于砾类土；砾粒的质量小于或等于总质量 50% 的土，属于砂类土。砾类土和砂类土进一步分类详见《土工试验规程》（SL 237—1999）。

（3）**细粒土**。根据土的粒组划分，粒径 $d \leqslant 0.075$mm 为细粒。试样中细粒质量大于或等于总质量 50% 的土称为**细粒类土**。试样中粗粒小于总质量 25% 的土称为**细粒土**，细粒土按塑性图再进行详细分类，具体可参考《土工试验规程》（SL 237—1999）或相关土力学教材。

本章内容就讲到这里，感谢您的聆听！

第2章 土的渗透性及渗透变形

第2-1讲 土的渗透性及渗透定律

同学们，大家好，欢迎来到土力学慕课课堂！

今天开始我们来学习第2章的内容，土的渗透性及渗透变形。通过本章学习，同学们应掌握达西定律的内容及适用范围，渗透系数的测定方法及影响因素，渗透力及渗透变形中的流土、管涌现象，渗透变形发生的条件及防治措施。

通过上一章的学习，我们已经了解到土体是三相体系，具有碎散性和多孔性。当土用来填筑土石坝进行挡水，或作为水工建筑物的地基时，在上下游水位差的作用下，水会透过土体发生流动，这种现象称为**渗流**。土允许水透过的性能称为土的**渗透性**。

土的渗透性是土的力学性质之一，与后续章节要学习的土体压缩变形特性以及强度稳定性，构成土力学研究的三大基本问题。

让我们来看看渗流会引起哪些工程问题。首先，渗流会造成水量的损失，影响工程效益，比如渠道、水库等输水、蓄水建筑物；另外，渗流会引起土体内部的应力状态发生变化，从而改变土工构筑物或地基的稳定条件，严重时还会造成工程事故，发生流土、管涌、滑坡等。国内外调查研究表明，渗流是病险水库失事的重要原因。

当然，生活和生产中许多情况也利用了土的渗透性，比如水井可以源源不断的提供水流，是因为土壤中的地下水在水头差的作用下在孔隙中流动，汇集于水井以供使用。

本章首先带领大家学习水在土中渗透的基本规律，即**达西定律**，然后讨论渗流作用下土的渗透变形问题。

一、饱和土的渗透规律

饱和土是指土体内的孔隙基本被水充满的土，反之称为非饱和土。非饱和土的渗透性与土的饱和度有很大关系，比较复杂，实用性也较小，在此主要研究饱和土的渗透规律。

1856年法国工程师达西（Darcy）利用类似图2-1所示的试验装置，**对均质砂土的渗透性进行了大量的研究，得出了层流条件下的渗透规律，即达西定律。**

达西渗透试验装置如图2-1所示，一个上端开口的直立圆筒，下部放碎石，碎石上放一块多孔滤板，滤板上面放置颗粒均匀的砂土样，其横断面面积为 A，筒的一

侧装有两支测压管，间距为 L，水由最上端的进水
管注入试验筒，侧面溢水管保持筒内水位恒定，渗
过土样的水从下端装有控制阀门的弯管流入蓄水容
器。当圆筒的上部水面保持恒定以后，通过砂土的
渗流即是恒定流，测压管中的水位将保持不变。Δh
为两测压管间的水头差，即经过砂土试样的渗流长
度 L 后的水头损失。

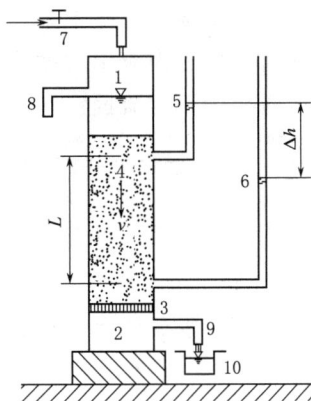

图 2－1　达西渗透试验装置示意图
1—直立圆筒；2—碎石；3—多孔滤板；
4—砂土样；5、6—测压管；7—进水管；
8—溢水管；9—弯管；10—蓄水容器

达西通过对不同规格尺寸的圆筒和不同类型及
长度的砂土土样进行试验后发现：单位时间渗出的
水量 q 与水力梯度 i 和试样的横截面积 A 成正比，
且与土的透水性有关，即

$$q = k \frac{\Delta h}{L} A = kiA \qquad (2-1)$$

根据水力学知识　　　$q = vA$

所以

$$v = k \frac{\Delta h}{L} = ki \qquad (2-2)$$

式中　v——断面的平均渗透流速，cm/s；

　　　q——单位时间渗出的水量，cm^3/s；

　　　A——垂直于渗流方向试样的截面积，cm^2；

　　　k——反映土渗透性大小的比例常数，称为土的渗透系数，cm/s；

　　　i——水力梯度或水力坡降，表示沿渗流方向单位长度的水头损失，无量纲；

　　　Δh——试样上下两断面间的水头损失，即水头差，cm 或 m；

　　　L——渗径长度，cm 或 m。

**式（2-2）即达西定律，表明在层流条件下，水在砂土中的渗流速度 v 与试样两端
的水头损失 Δh 成正比，与渗径长度 L 成反比。这一定律由达西首先提出，故称为达西
定律。**

**必须指出，由达西定律求出的渗透速度 v 是一种假想的平均流速，又称为达西流
速，是假定水在土中的渗透通过整个试样的截面积 A 来推算的，而实际上，渗透水仅仅
通过土体中的孔隙流动，实际平均流速 v' 要比假想的平均流速 v 大很多，它们之间存在
以下关系。**

按照水流连续性原理：

$$q = vA = v'A_v \qquad (2-3)$$

式中　A——整个试样截面积，cm^2；

　　　A_v——为实际的过水面积，cm^2。

若土体的孔隙率为 n，则实际的过水面积 $A_v = nA$，所以

$$v' = \frac{vA}{A_v} = \frac{vA}{nA} = \frac{v}{n} \qquad (2-4)$$

要想真正确定土体中某一具体位置的真实流动速度，无论理论分析或实验方法都很难做到。从工程应用角度而言，也没有这种必要，**因此，渗流计算一般均采用达西定律中假想的平均流速。**

二、达西定律适用范围

大量试验证明，只有当土中水的流动形态为**层流**时，达西定律才适用。

1. 砂土

层流时，水在砂土中的渗流速度与水力梯度呈线性关系，为通过坐标原点的直线，如图 2-2 所示，符合达西定律 $v=ki$。在水利和土木工程中，绝大多数渗流，无论是发生于砂土中还是一般的黏性土中，均属于层流范围，故达西定律均可适用。

2. 密实黏土

对于密实黏土，得到的试验结果如图 2-3 所示，为一条不通过原点的曲线。可以看出当水力梯度较小时，曲线偏离达西定律，主要是由于密实黏土中的结合水具有较大的黏滞阻力，只有当水力梯度达到某一数值，克服了结合水的黏滞阻力以后，才能发生渗透。为使用方便，将曲线近似用直线代替，表达式如下：

$$v=k(i-i_b) \tag{2-5}$$

式中　i_b——为开始发生渗透时的水力梯度，称为**初始水力梯度**。

需要指出的是，近年来的研究结果倾向于一般黏土中不存在初始水力梯度 i_b，即达西定律同样适用于土体黏性高、水力梯度小的情况，对于黏性土中的渗流是否存在起始水力梯度的问题尚存在争议。

3. 砾石和卵石

粗粒土（砾石、卵石等）只有在较小的水力梯度下，渗透速度与水力梯度才会呈现线性关系；当水力梯度较大时，水流进入紊流状态，渗透速度与水力梯度呈非线性关系，达西定律不再适用，如图 2-4 所示。

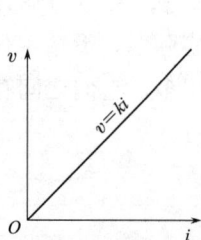

图 2-2　砂土的渗透规律　　　图 2-3　密实黏土的渗流　　　图 2-4　粗粒土的渗流

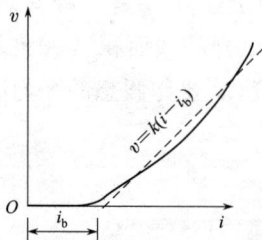

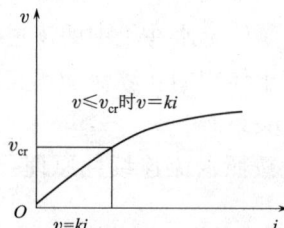

由层流变为紊流的渗流流速，称为临界流速，用 v_{cr} 表示，一般取 $0.3\sim0.5\mathrm{cm/s}$，具体可由雷诺数确定。

本讲内容就讲到这里，感谢您的聆听！

第 2-2 讲　渗透系数的影响因素及测定

同学们，大家好，欢迎来到土力学慕课课堂！今天我们来学习渗透系数的影响因素及其测定。

上一讲学习的达西定律 $v=ki$，其中 k 为土的渗透系数，是单位水力梯度时的渗透流速。即当 $i=1$ 时，$v=k$，单位和渗透流速的单位一致，一般为 cm/s。

渗透系数的大小表示土渗透性的强弱，坝基土层常按渗透系数大小划分为强透水层、中等透水层、弱透水层、微透水层、极微透水层等，具体划分标准见表 2-1。

表 2-1　坝基土层渗透性划分

渗透系数 $k/(\mathrm{cm/s})$	$10^{-2} \leqslant k < 10^{-1}$	$10^{-4} \leqslant k < 10^{-2}$	$10^{-5} \leqslant k < 10^{-4}$	$10^{-6} \leqslant k < 10^{-5}$	$k < 10^{-6}$
土层渗透性	强透水层	中等透水层	弱透水层	微透水层	极微透水层

在选择筑坝土料时，总是将渗透系数较小的土（$k < 10^{-5}$ cm/s）填筑于坝体的防渗部位，而将渗透系数较大的土（$k > 10^{-3}$ cm/s）填筑坝体的其他部位。

一、渗透系数的影响因素

工程实践表明，种类不同的土，渗透系数差别很大，下面对影响土体渗透性的主要因素进行简单阐述，同学们在学习过程中要结合第 1 章土的物理性质与物理状态部分的知识，做到融会贯通。

（1）土的颗粒级配对渗透性的影响。土的颗粒大小、形状及级配影响土中孔隙大小及其形状，进而影响土的渗透性。土粒越粗大、浑圆，粒径越均匀时，渗透性就越大。

（2）土的矿物成分的影响。土中含有亲水性较强的粉粒、黏粒或有机质时，其结合水膜较厚，会阻塞土的孔隙，降低土的渗透性。

（3）土的结构及构造的影响。土的结构和构造对黏性土的渗透性影响更为突出，比如天然沉积的层状黏性土层，水平方向的透水性往往大于垂直层面方向的透水性，有时水平方向渗透系数是竖直方向渗透系数的 10 倍之多，土层呈现明显的各向异性。

（4）土中气体的影响。当土孔隙存在密闭气泡时，会阻塞水的渗流，从而降低土的渗透性。这种密闭气泡是溶解于水中的气体分离出来而形成的，故水的含气量也影响土的渗透性。

（5）水温度的影响。温度不同，水的黏滞性就不同。当温度升高时，水的黏滞性降低，渗透系数变大；反之温度降低时，水的黏滞性增加，渗透系数变小。**我国土工试验方法标准均规定，测定渗透系数 k 时，以 20℃作为标准温度，不是 20℃时要作温度校正，具体校正方法在试验测定中进行讲解。**

二、渗透系数的测定

渗透系数 k 常用来作为选择坝体填筑土料的依据，也是渗流计算时必须用到的一个基本参数。因此，准确地测定土的渗透系数是一项十分重要的工作。渗透系数的测定方法主要分室内试验测定和野外现场测定两大类。本课程仅介绍室内试验的测定方法。

室内试验分为**常水头试验**和**变水头试验**。**前者适用于粗粒土，后者适用于细粒土。**

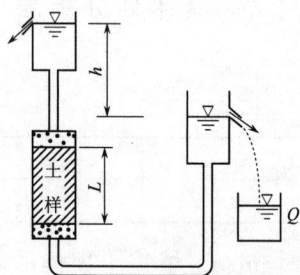

图 2-5　常水头试验装置
示意图

1. 常水头试验

常水头试验顾名思义，是在整个试验过程中进出口水头保持不变，适用于渗透系数 k 大于 10^{-3} cm/s 的粗粒土，比如砂土。其试验装置如图 2-5 所示，与达西渗透试验的装置原理相同。

试验所用土样的高度即为渗径长度 L，横截面积为 A，试验时的水头差为 Δh。试验中用量筒和秒表测出在某一时段 t 内流经试样的水量 Q（cm^3），设试验时段内单位时间通过土体的流量为 q（cm^3/s），则

$$Q = qt = vAt$$

根据达西定律：
$$v = ki$$

即可得出
$$Q = kiAt = k\,\frac{\Delta h}{L}At$$

推导出渗透系数的表达式如下：

$$k = \frac{QL}{A\,\Delta h t} \qquad\qquad (2-6)$$

式中　k——土的渗透系数，cm/s；

　　　Q——试验时段内渗出的水量，cm^3；

　　　L——渗径长度，cm 或 m；

　　　A——垂直于渗流方向试样的截面积，cm^2；

　　　Δh——试样上下两断面间的水头损失，即水头差，cm；

　　　t——试验时长，s。

式中的 Q、L、A、Δh、t 试验过程中均是可以测得的，进而计算出土的渗透系数 k。

2. 变水头试验

变水头试验指整个试验过程水头随时间发生变化，适用于透水性差、渗透系数小的细粒土，比如粉土、黏性土。

变水头试验装置如图 2-6 所示，水流从土样上端一直立并带有刻度的细玻璃管渗入试样，细玻璃管内部的横截面积为 a，并从下端渗出。

试验开始之前先将试样充水并充分排气。设试验开始后，经时段 dt 细玻璃管中水位下降 dh，在时段 dt 内流经试样的水量为

$$dQ = -a(dh) \qquad (2-7)$$

式中　a——细玻璃管内部的横截面积，cm^2，负号表示渗入水量随进出口的水头差 Δh 的减少而增加。

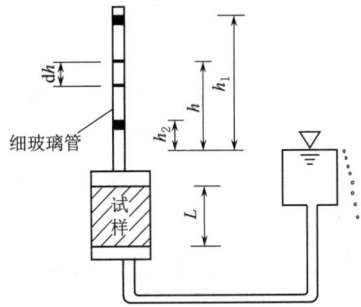

图 2-6　变水头试验装置示意图

根据达西定律渗出水量

$$dQ = kiA(dt) = k\frac{\Delta h}{L}A(dt)$$

由于渗入和渗出水量相等，联立上述两式得出

$$dt = \frac{-aL}{kA}\frac{dh}{\Delta h}$$

上式等号两边分别积分，求出

$$k = \frac{aL}{A(t_2 - t_1)}\ln\frac{h_1}{h_2} \qquad (2-8)$$

或写成常用对数的形式为

$$k = 2.3\frac{aL}{A(t_2 - t_1)}\lg\frac{h_1}{h_2} \qquad (2-9)$$

式中　t_1、t_2——分别为试验开始和结束的时刻；

　　　h_1、h_2——时刻 t_1、t_2 所对应的水头差，cm。

试验时只需测出在试验开始时刻 t_1 土样两端的起始水头差 h_1，同时开动秒表，经过一定的时间 t 后，再测出在试验结束时刻 t_2 土样两端的水头差 h_2，即可计算出渗透系数 k。

须注意的是：不论是常水头试验还是变水头试验，试验结果必须转换成水温为标准温度 20℃时的渗透系数 k_{20}：

$$k_{20} = \frac{\eta_T}{\eta_{20}}k_T \qquad (2-10)$$

式中　k_{20}、k_T——20℃和试验时所对应的温度 T 时的渗透系数，cm/s；

　　　η_{20}、η_T——水温为 20℃和温度 T 时的黏滞系数，$10^{-3}\,Pa \cdot s$。

表 2-2 为常见土的渗透系数变化范围。

表 2-2　　　　　　　　　　　　　**常见土的渗透系数变化范围**

土 的 种 类	渗透系数 k（cm/s）	土 的 种 类	渗透系数 k/(cm/s)
卵、砾石	$>10^{-1}$	粉质黏土	$10^{-6} \sim 10^{-5}$
砂、砂砾混合物	$10^{-3} \sim 10^{-1}$	黏土	$\leqslant 10^{-7}$
粉土	$10^{-4} \sim 10^{-3}$		

渗透系数的野外现场测定方法在后续地下水利用课程中有所涉及，或者详见相关规范标准。

本节内容就讲到这里，感谢大家的聆听！

第 2-3 讲　渗透力及渗透变形

同学们，大家好，欢迎来到土力学慕课课堂！今天我们来学习渗透力与渗透变形。

一、渗透力

我们在水力学课程中学过，静水作用于水下物体上的力为静水压力，同学们想一想，当水流动起来的作用力与静水压力有什么不同？土力学中我们需要分析水在土体中流动的情况。如图 2-7 所示的简易装置，砂土土样装在侧面上下两端有测压管的圆筒中，土样上端敞口，下端铺有滤网并连接储水器。首先使土样饱和，并令两测压管水位齐平 [图 2-7 (a)]，而后抬高土样底部储水器，下端测压管水位随之升高 [图 2-7 (b)]，水流从下向上渗透，设想随着储水器位置越来越高，施加于土样向上的渗流作用力超过其本身的有效重力后，土样就会发生浮起并被冲走。

从上述演示可以看出，水在土体中流动时会受到土颗粒的阻力，水头逐渐损失；同时，水的渗透将对土颗粒产生拖曳力 J，导致土体的应力与变形。**工程中将渗透水流施加于单位体积土体土粒上的拖曳力称为渗透力，用 j 来表示。渗透力是水流对土体施加的体积力，单位是 kN/m^3，其大小与水力梯度 i 成正比，与渗透水流的重度 γ_w 有关，即 $j = i\gamma_w$。渗透力 j 与水流受到土颗粒的阻力大小相等、方向相反。**

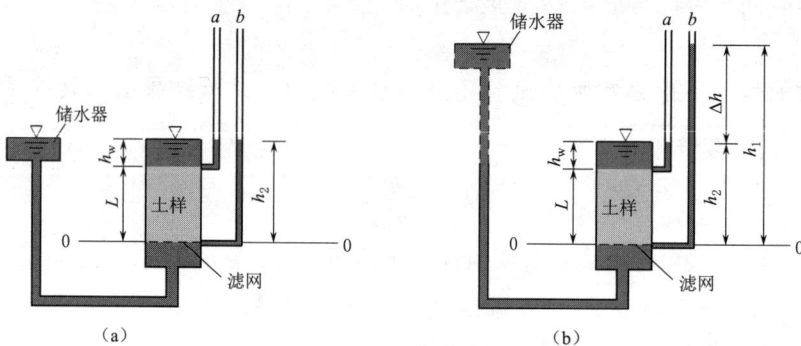

图 2-7　砂土的渗透变形装置示意图

渗透力使土体内部应力发生变化，并产生相应的变形，这种变形为渗透变形。实际工程中，有不少渗透变形的事例；再者，渗透力可能会增大坝体或地基的滑动力，导致坝体或地基滑动破坏，影响整体稳定性。因此，在进行工程设计与施工时，对渗透力可能给土坝、坝基、基坑等带来的不良后果应给予足够的重视。

二、渗透变形

对于坝基和坝体等水工建筑物来说，上下游水头差的存在引起渗透水流将土体的细颗粒冲走、带走或局部土体产生移动，导致土体变形的现象，称为**渗透变形**。渗透变形是土工建筑物或地基发生破坏，从而引发工程事故的重要原因之一。

土的渗透变形类型主要有流土、管涌、接触流土和接触冲刷四种。大量试验和工程实践证明，**单一土层的渗透变形主要有流土和管涌，成层土的渗透变形有接触流土和接触冲刷**。下面我们来学习流土和管涌这两种渗透破坏形式。

1. 流土

在渗流作用下，局部土体表面隆起，或土颗粒群同时发生移动而流失的现象称为流土。流土发生于地基或土坝下游渗流逸出处，不发生于土体内部，级配均匀的细砂、粉砂、淤泥等较易发生流土破坏。

如图 2-8 所示，在坝体上游土体 1 的位置，渗透力方向与重力方向一致，促使土体压密，强度提高，有利于土体稳定；在图中 2、3 的位置，水流渗透方向近乎水平，使土颗粒产生向下游移动的趋势，对稳定不利；坝体下游土体 4 的位置，渗透力与重力方向相反，当渗透力大于土体的有效重力时，土颗粒将被水流冲出。流土多发生于向上渗流的情况，因此，研究渗流逸出处的渗透力或逸出坡降，对地基与建筑物的安全有重要的意义。

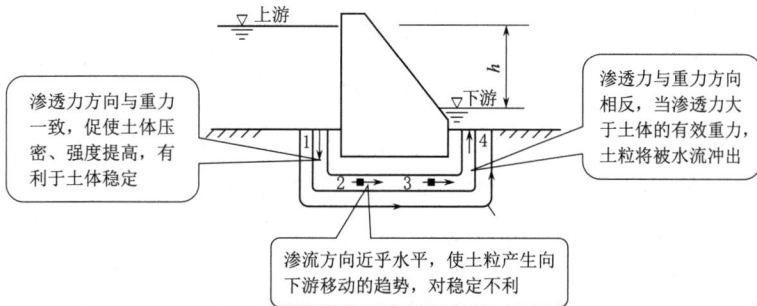

图 2-8 坝体渗流示意图

下面我们来展开分析。

使土体开始发生渗透变形的水力梯度称为临界水力梯度，用 i_{cr} 表示。取单位体积的土体进行受力分析，如图 2-9 所示。当有向上的渗透水流时，土颗粒将受到向上的渗透力 j，同时还有自身重力，单位体积土体的重力即为重度，由于有渗透水流，土体处于饱和状态，受到水的浮力，因此向下的重度即为有效重度 γ'。**一旦渗透力 j 大于其有效重度 γ'，流土就会发生；而当 $j = \gamma'$，土体处于临界状态，此时的水力梯度即为临界水力梯度 i_{cr}。**

渗透力 $j = \gamma_w i$，处于临界状态时的渗透力 $j = \gamma_w i_{cr}$。

结合上述 $j = \gamma'$，可得出临界水力梯度：

$$i_{cr} = \frac{\gamma'}{\gamma_w} = \frac{\gamma_{sat} - \gamma_w}{\gamma_w} \qquad (2-11)$$

根据第 1 章所学的土的物理性质指标的换算：

$$\gamma' = \frac{G_s - 1}{1 + e}\gamma_w = (G_s - 1)(1 - n)\gamma_w$$

可以进一步得出临界水力梯度计算式如下：

$$i_{cr} = \frac{G_s - 1}{1 + e} = (G_s - 1)(1 - n) \qquad (2-12)$$

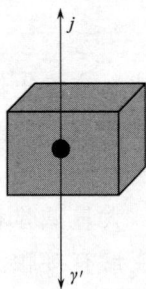

图 2-9　单位体积
土体受力分析

式中　　γ_{sat}——土的饱和重度，kN/m^3；

γ_w——水的重度，kN/m^3。

G_s、e、n——分别为土粒比重、土的孔隙比和孔隙率。

由式（2-12）可以看出，流土的临界水力梯度 i_{cr} 取决于土的物理性质指标中土粒比重 G_s、孔隙比 e（或孔隙率 n），**即临界水力梯度 i_{cr} 只与土体本身有关**，可以理解成土体自身抵抗渗透破坏的能力。

施加于下游逸出处的水力梯度 i_e：①当 $i_e < i_{cr}$，土体处于稳定状态；②当 $i_e > i_{cr}$，土体发生流土破坏；③当 $i_e = i_{cr}$，土体处于临界状态。

由于流土将引起地基破坏，建筑物倒塌等灾难性事故，工程设计时是不允许发生的，故要保证一定的安全系数。通过式（2-12）计算出的临界水力梯度 i_{cr} 需要除以较大的安全系数得出允许水力梯度 $[i]$，工程中将渗流逸出处的水力梯度 i_e 控制在允许水力梯度 $[i]$ 范围以内，即

$$i_e \leqslant [i] = \frac{i_{cr}}{F_s} \qquad (2-13)$$

式中　　F_s——安全系数，根据需要及相应规范取值 2.0～2.5。

需要注意的是：对于重要工程宜用试验方法及实测方法来确定土的临界水力梯度。

2. 管涌

在渗流作用下，无黏性土中的细小颗粒通过较大颗粒的孔隙发生移动并被带出，最终在土中形成与地表贯通的管道，这种现象称为管涌。

管涌既可以发生在土体内部，也可以发生在渗流出口处，发展一般有个时间过程，是一种渐进性的破坏。首先，在渗透水流作用下，较细的颗粒在粗颗粒形成的孔隙中移动流失；然后，土体中的孔隙不断扩大，渗流速度不断增加，较粗颗粒也会相继被水流带走；随着上述冲刷过程的不断发展，土体中形成贯穿的渗流通道，造成土体塌陷或其他类型的破坏。

发生管涌的条件包括**几何条件**和**水力条件**。

（1）**几何条件。**土中粗颗粒所构成的孔隙直径必须大于细颗粒的直径，才有可能让细颗粒在其中发生移动，这是管涌产生的必要条件，一般是 $C_u > 10$ 的不均匀土。大量试验证明，不均匀系数 $C_u > 10$，级配不连续且细料含量小于 25% 的土称为管涌

土，此类土易发生管涌破坏。

（2）**水力条件**。水力条件要达到发生管涌的临界水力梯度 i_{cr}。由于管涌临界水力梯度的计算方法至今尚不成熟，还没有一个业界公认的公式。

对于一些重大工程，应尽量由渗透破坏试验确定。在无试验条件的情况下，可参考国内外的一些研究成果。较多部门的试验成果指出，砂砾料的临界梯度主要决定于细颗粒填料的含量，细颗粒填料含量越多，临界梯度就越大；此外，我国南京水利科学研究院经过研究，得出发生管涌的临界梯度 i_{cr} 的简化式，大量试验证实，该公式所得计算成果较符合实际。

$$i_{cr} = 42 \frac{d}{\sqrt{\dfrac{k}{n^3}}} \tag{2-14}$$

式中　　d——被冲动的细粒粒径，一般取小于 d_3（级配曲线上纵坐标 3% 时对应的粒径）的值，cm；

　　　　k——砂砾料的渗透系数，cm/s；

　　　　n——砂砾料的孔隙率。

与流土类似，用以上方法所确定的临界梯度，工程中要除以 1.5～2 的安全系数得出允许水力梯度 $[i]$。

现对单一土层的流土和管涌进行比较总结，见表 2-3。

表 2-3　　　　　　　　　　　　　　　流 土 与 管 涌 比 较

现象	流　土	管　涌
特征	土体局部范围的土颗粒同时发生移动	土体内细颗粒通过粗粒形成的孔隙通道移动
位置	只发生在水流逸出处	可发生于土体内部和渗流逸出处
土类	只要渗透力足够大，可发生在任何土中，但易发生在细砂、粉砂、淤泥等土中	一般发生在特定级配的无黏性土或分散性黏土
历时	破坏过程较短	破坏过程相对较长
后果	导致下游坡面产生局部滑动等	导致结构发生塌陷或溃口

三、渗透变形的防治

为防止渗透变形，水利工程上常采取下列工程措施：

（1）控制逸出处的水力梯度 i_e，使渗透水流对下游逸出处的水力梯度 i_e 不超过允许水力梯度 $[i]$。通过本章学习，我们可以采取降低上下游的水头差 Δh 或增加渗径长度 L 的方法，比如在大坝上游做垂直防渗帷幕及水平防渗铺盖可增加渗径长度，起到相应的作用，如图 2-10 和图 2-11 所示。

（2）在渗流逸出处增设反滤层或加盖压重，或在建筑物的下游设置减压井等，防止土体被渗透压力推起，并使渗透水流有畅通的出路，如图 2-12 和图 2-13 所示，详见水工建筑物课程的相关内容。

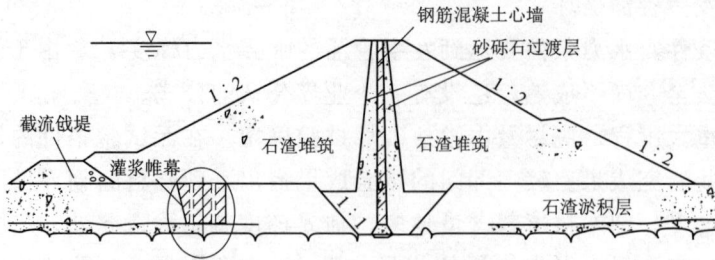

图 2-10　坝体上游垂直防渗

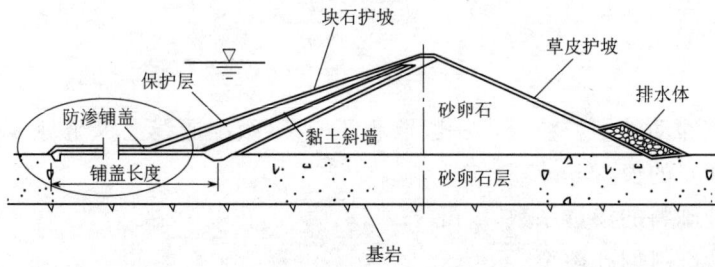

图 2-11　坝体上游水平防渗

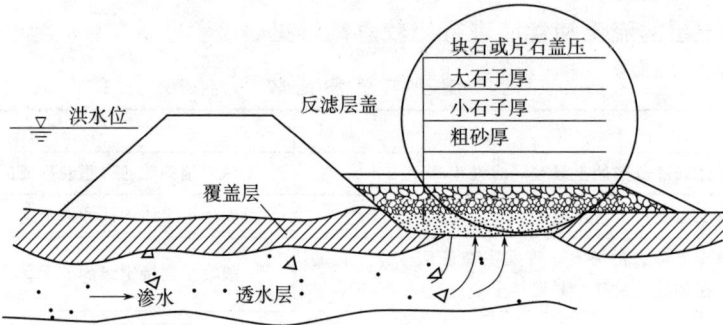

图 2-12　坝体下游渗流逸出处增设反滤层

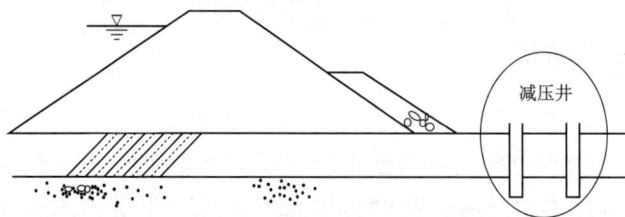

图 2-13　坝体下游设置减压井

本章内容就讲到这里，感谢大家的聆听！

第3章 土体中的应力

第3-1讲 土体应力概述

同学们，大家好，欢迎来到土力学慕课课堂！

从今天开始我们学习第3章的内容，土体中的应力计算。本章主要介绍土中应力的类型，自重应力计算及分布规律，基底压力的简化计算，以及各种荷载条件下地基土中附加应力的计算与分布规律，最后介绍有效应力原理。本章土中应力是地基变形计算和地基稳定性分析的基础。

建筑物地基土层中应力状态发生变化，会引起地基土的变形，导致建筑物沉降、倾斜或水平位移，当应力超过地基土的强度时，地基就会丧失稳定而破坏，造成建筑物倒塌。为了对建筑物地基进行沉降计算和稳定性分析，必须计算建筑物修建前后土体中的应力变化，了解土体中应力的分布规律。

在计算土中应力时，一般假定地基为均匀、连续、各向同性的半无限线性弹性体，采用弹性理论方法计算。 同学们是不是觉得有些不可思议呢？碎散性是土的基本特性，严格地说，土是不连续的多相分散介质，不能按弹性理论进行计算，近年来许多学者用弹塑性理论来研究重大工程的土力学问题。但从实用角度来看，由于一般建筑物荷载作用下的地基中应力变化范围不是太大，弹性理论计算所引起的误差一般不会超过工程许可的范围，因此工程上仍采用弹性理论来求解。

下面我们来学习土中的应力类型。

同学们思考一下，如果一块儿空地上没有修建建筑物，那地面以下一定深度处的土体中有没有应力呢？对了，是有的，应力是由土体自身的重量引起的。

土中应力常见的分类方式有以下两种：

（1）**土中应力按产生的原因分为自重应力和附加应力。**

由土体自身的重量引起的应力称为自重应力，地面以下任何深度的土体都具有自重应力。一般而言，在漫长的地质历史上，土体在自重作用下已压缩稳定，土的自重应力不再引起土的变形，但是新沉积的土或近期人工填土属于例外。

由外部荷载在土中引起的应力称为附加应力，可以理解为在土体原有应力之外新增加的应力都是附加应力，包括静荷载和动荷载，比如车辆、建筑物、地震等引起的应力。**附加应力是使地基产生变形和失稳的主要原因。**

（2）**按土体中土骨架和土中孔隙（水、气）承担和传递应力的方式不同分为有效应力和孔隙应力。**

有效应力是由土体中的土骨架传递或承担的应力，它是通过土颗粒的接触，点对点来传递的，因此只有有效应力才能使土颗粒彼此挤紧，从而引起土体的变形。

由土孔隙中的水或气体传递或承担的应力称为**孔隙应力**，孔隙应力又分为孔隙水压力和孔隙气压力。**孔隙应力和有效应力之和称为总应力，保持总应力不变，有效应力和孔隙应力可以相互转化。**

上述自重应力是指土骨架承担并传递的由土体自重引起的有效应力部分，即土颗粒间的应力，这里省略了"有效"二字。

接下来我们将依次学习土体中的自重应力，修建建筑物后的基底压力，以及修建建筑物后基底处增加的基底附加应力，然后学习向下传递到地基中的附加应力，最后学习土的有效应力原理。

概述部分就介绍到这里，感谢大家的聆听！

第 3-2 讲 土 体 的 自 重 应 力

同学们，大家好，欢迎来到土力学慕课课堂！

今天我们来学习土体的自重应力。土体的自重应力包括竖向自重应力 σ_{cz} 和水平向自重应力 σ_{cx} 和 σ_{cy}。首先我们来学习竖向的自重应力。

一、竖向自重应力

1. 均质土的自重应力

计算自重应力时，假定天然土体在水平方向及在地面以下都是无限延伸的，即地基土为半无限空间体。对于地面水平的均质土，地面以下任一深度 z 处铅直向自重应力都是无限均匀分布的。因此，在自重作用下，地基土只产生竖向变形，无侧向位移及剪切变形，剪应力 $\tau=0$。

对于天然重度为 γ 的均质土层，如图 3-1（a）所示，在距地表深度 z 处的平面上，土体因自身重力产生的竖向自重应力 σ_{cz} 等于单位面积上土柱体所受的重力 G，即

$$\sigma_{cz} = \frac{G}{A} = \frac{\gamma h A}{A} = \gamma h \tag{3-1}$$

式中　　σ_{cz}——土的竖向自重应力，kPa；

　　　　A——土柱体的横截面积，m^2；

　　　　γ——土的重度，kN/m^3。

根据计算公式可知，竖向自重应力 σ_{cz} 随着深度 z 的增加线性增大，为三角形分布。当深度为 h 时，其竖向自重应力分布如图 3-1（b）所示。

2. 成层土的自重应力

实际上，天然地基土是由不同性质和不同重度的土层组成的。若地基由多层土组成，设各层的厚度为 h_1、h_2、$\cdots$、h_n，则地基中第 n 层底面处的竖向自重应力为

$$\sigma_{cz} = \gamma_1 h_1 + \gamma_2 h_2 + \cdots + \gamma_n h_n = \sum_{i=1}^{n} \gamma_i h_i \qquad (3-2)$$

式中　h_i——第 i 层土的厚度，m；

　　　γ_i——第 i 层土的重度，kN/m^3；

　　　n——**计算面以上地基**中的土层数。

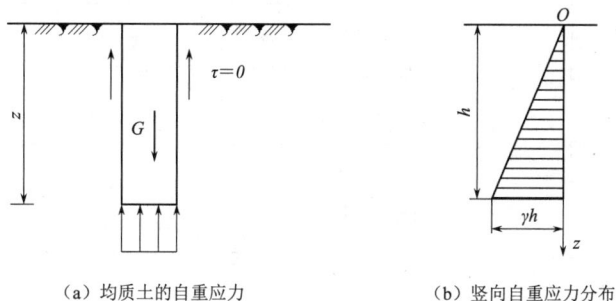

（a）均质土的自重应力　　　　（b）竖向自重应力分布

图 3-1　均质土中的自重应力及分布

由于不同土层的重度 γ 不同，因此成层土的自重应力分布图在分层界面处发生转折，如图 3-2 所示。

3. 有地下水位时的自重应力

当土层处于地下水位以下，且为透水层时，应考虑水对土体的浮力作用，采用土的有效重度 γ' 进行计算，即

$$\sigma_{cz} = \gamma h_1 + \gamma' h_2 \qquad (3-3)$$

因为考虑浮力后的有效重度 γ' 小于天然重度 γ，所以自重应力的分布图在地下水位处发生转折，如图 3-3 所示。

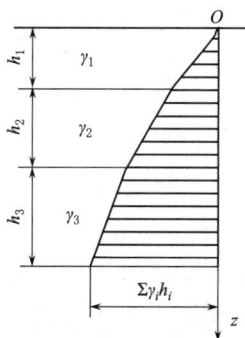

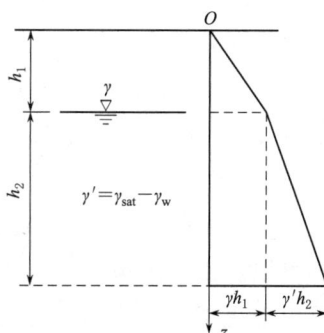

图 3-2　成层土的　　　　图 3-3　有地下水位时的
　　　自重应力　　　　　　　　自重应力

4. 遇有不透水层时的自重应力

当土层为地下水位以下的不透水层时，在不透水层层内按上覆**土水合重**计算，即

按饱和重度 γ_{sat} 进行计算。如图 3-4 所示的天然地基从地面向下分为五层，每层土的重度和厚度已知，地下水位在第二层土和第三层土的交界面，第四层土底部遇有不透水层，我们试着求各层底面处的竖向自重应力。

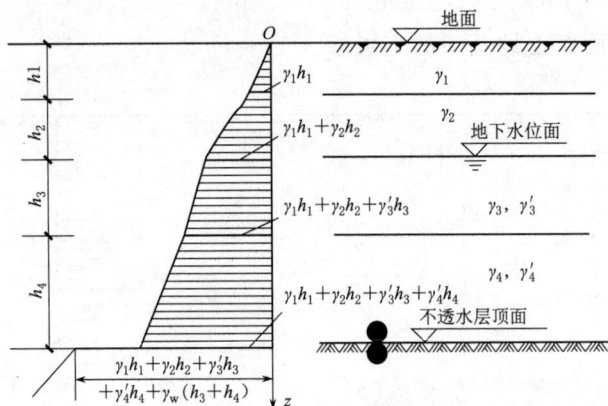

图 3-4 遇有不透水层时的自重应力

第一层土底部的自重应力 $\sigma_{\text{cz}} = \gamma_1 h_1$。

第二层土底部的自重应力 $\sigma_{\text{cz}} = \gamma_1 h_1 + \gamma_2 h_2$。

地下水及不透水层对上两层土没有影响。

第三层上底部的自重应力为 $\sigma_{\text{cz}} = \gamma_1 h_1 + \gamma_2 h_2 + \gamma'_3 h_3$。

第四层土底部的自重应力为 $\sigma_{\text{cz}} = \gamma_1 h_1 + \gamma_2 h_2 + \gamma'_3 h_3 + \gamma'_4 h_4$。

第四层土底部，只涉及地下水，还没有进入不透水层，用有效重度 γ'。接着向下计算不透水层内的自重应力，由于不透水层以上的土和水全部作用于不透水层上，相当于一块儿隔板承担上部的全部作用力，所以当转入到不透水层层内时，除了考虑以上土层的自重应力，还需考虑由地下水在不透水层上引起的静水压力，需要按**土水合算**，不透水层层内顶面处自重应力为

$$\sigma_{\text{cz}} = \gamma_1 h_1 + \gamma_2 h_2 + \gamma'_3 h_3 + \gamma'_4 h_4 + \gamma_{\text{w}}(h_3 + h_4) \tag{3-4}$$

因为饱和重度 $\gamma_{\text{sat}} = \gamma' + \gamma_{\text{w}}$，所以不透水层层内顶面处自重应力又可写成如下计算式：

$$\sigma_{\text{cz}} = \gamma_1 h_1 + \gamma_2 h_2 + \gamma'_{\text{sat}} h_3 + \gamma'_{\text{sat}} h_4 \tag{3-5}$$

从以上算例可以看出，求解自重应力时，只与计算深度以上的土层有关，因为自重应力是计算面以上土层的重力所引起的，不会受到其下土层的影响。

5. 自重应力分布规律

（1）自重应力在均质土地基中随深度呈直线分布，如图 3-5（a）所示。

（2）自重应力在成层土地基中呈折线分布，在分层交界面发生转折，如图 3-5（b）所示。

（3）自重应力在地下水位处也发生转折，如图 3-5（b）所示。

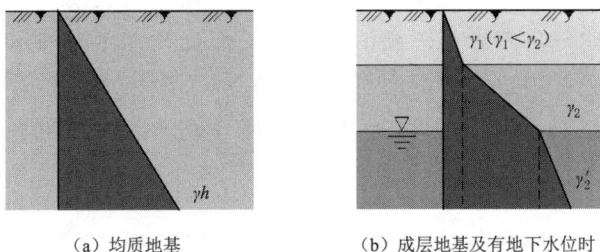

(a) 均质地基　　　　　　　(b) 成层地基及有地下水位时

图 3-5　自重应力的分布规律

二、水平向自重应力

在半无限弹性体内，土不可能发生侧向变形。如图 3-6 所示，单元体上的两个水平向的应力相等。

地基土中水平向的自重应力为

$$\sigma_{cx} = \sigma_{cy} = K_0 \sigma_{cz} \qquad (3-6)$$

式中　K_0——静止土压力系数。

K_0 是在侧限应力状态下水平应力与竖向应力之比，假设土体为线弹性体，则

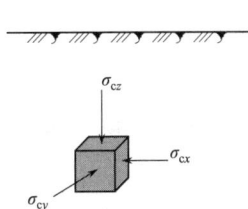

图 3-6　水平向自重应力

$$K_0 = \frac{\mu}{1-\mu} \qquad (3-7)$$

式中　μ——泊松比。

由于土并不是线弹性体，因此 K_0 与土的种类、状态和应力历史等因素有关，相关内容将在静止土压力章节再给同学们介绍。

我们学习了土的竖向自重应力和水平向自重应力的计算方法，以及竖向自重应力的分布规律，请同学们自己试着对水平向的自重应力的分布规律进行总结。自重应力一般情况下是指**有效自重应力**，为简便起见，以后各章节中不特别说明是水平向的自重应力，就把常用的竖向自重应力简称自重应力，并**改用符号 σ_c 表示**。

三、地下水位升降对土中自重应力的影响

我们先来看一个案例，在墨西哥城郊特斯科科（Texcoco）地区地面以下沉积了厚达 50m 的软黏土，含水率超过 300%，孔隙比高达 10，土质非常松软。20 世纪七八十年代，在该软黏土上拟建面积为 4.2km×1.2km 人工湖，主持工程的岩土工程师采用了**软土降水地面沉降**的原理，软黏土体积压缩总量达 1760 万 m^3，地面降低 4m，设计富有艺术性，文明施工，魅力无穷！

下面我们利用所学的知识来解释为什么地下水位下降会引发地面沉降现象。

在计算自重应力时，地下水位以下用的是有效重度，而有效重度小于天然重度，如图 3-7（a）所示；当地下水位下降后，如图 3-7（b）所示，计算土中的自重应力时，在水位变化范围内，**有效重度 γ' 变成了 γ，土的自重应力增加**，新增加的自重应

力使土体自身产生压缩变形。在 Texcoco 地区主持设计人工湖的工程师正是利用了软土降水地面沉降的原理自然形成了湖泊，省去了传统开挖土方外运带来的工程量，同时抽出来的地下水进行周边植被的灌溉，同步完成了绿植培育，看起来庞大的系统工程，其设计思路就出自我们土力学中本节课所学的知识，同学们是不是很有自豪感啊！

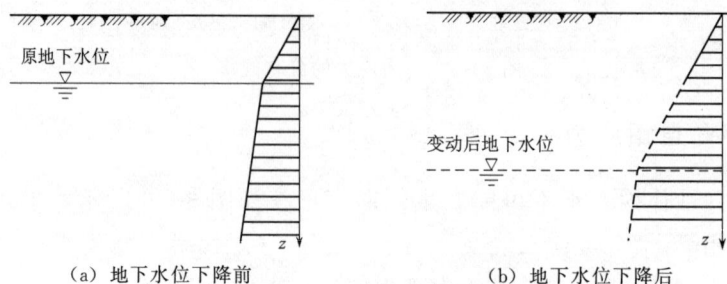

(a) 地下水位下降前　　　　　　　　　　(b) 地下水位下降后

图 3-7　地下水位下降对土中自重应力的影响

目前我国相当一部分城市由于过度开采地下水，出现了地表大面积沉降、塌陷等严重问题。在进行基坑开挖时，如降水过深，时间过长，则常引起坑外地表下沉，从而导致邻近建筑物开裂、倾斜。由于这部分自重应力的影响深度很大，故所造成的地面沉降往往是很可观的。

那我们反过来看看地下水位上升的情况。地下水位上升也会带来一些不良影响，如在筑坝蓄水人为抬高蓄水水位的地区，滑坡现象常常增多；一些轻型地下结构可能因水位上升而上浮，带来了新的问题和麻烦。

本节课就讲到这里，感谢大家的聆听！

第 3-3 讲　基　底　压　力

同学们，大家好，欢迎来到土力学慕课课堂！本讲内容我们来学习基底压力及基底的附加应力。

一、基底压力及其分布规律

建筑物的荷载是通过基础传递给地基的。上部结构的荷载与基础自重在通过基础向下传递的过程中，基础底面施加于地基表面单位面积上的压力，称为**基底压力**，也称为基底接触压力，单位 kPa。基底压力与地基反力，也就是地基反作用于基础底面的力大小相等，方向相反。

基底压力的大小和分布状况受很多因素的影响，与上部结构的荷载大小及分布，基础的宽度、埋深及刚度，以及土的性质等多种因素都有关系。因此精确地确定基底压力的大小与分布是一个极其复杂的问题，它涉及上部结构、基础、地基三者间的共

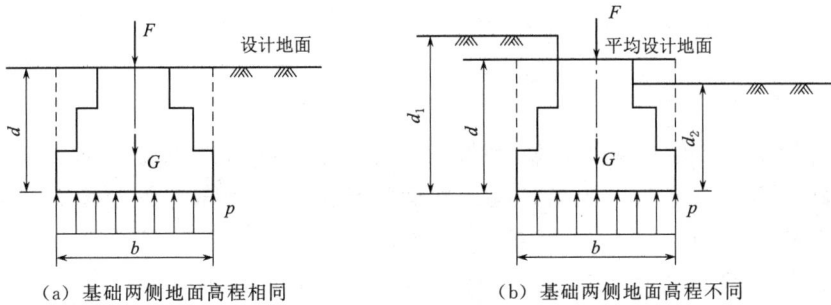

(a) 基础两侧地面高程相同　　　(b) 基础两侧地面高程不同

图 3 - 12　基础埋置深度 d 的确定

$$\left.\begin{array}{c} p_{max} \\ p_{min} \end{array}\right\} = \frac{F+G}{A} \pm \frac{M}{W} \qquad (3-9)$$

其中

$$M = (F+G)e$$

式中　p_{max}、p_{min}——基底边缘最大、最小压力，kPa；

　　　M——作用于基础底面的力矩，kN·m；

　　　e——荷载偏心距，m；

　　　W——基础底面的抵抗矩，m³，对矩形

　　　基础沿长轴偏心 $W = \frac{bl^2}{6}$；若沿短

　　　轴偏心则 $W = \frac{lb^2}{6}$。

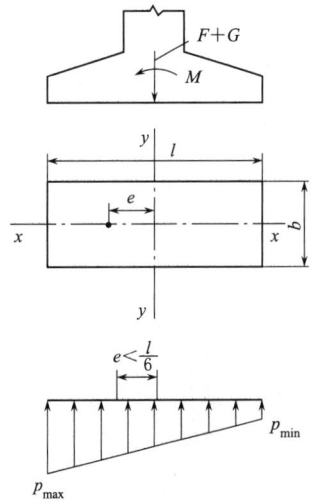

图 3 - 13　单向偏心荷载作用时
的基底压力

　　所以基底边缘的最大、最小压力计算公式可以写成如下形式：

$$\left.\begin{array}{c} p_{max} \\ p_{min} \end{array}\right\} = \frac{F+G}{A}\left(1 \pm \frac{6e}{l}\right) \qquad (3-10)$$

　　从上式可知，按荷载偏心距 e 的大小不同，基底压力的分布可能出现下述三种情况：

　　(1) 当作用于基础底面合力的偏心距 $e < \frac{l}{6}$ 时，$1 - \frac{6e}{l} > 0$，所以最小荷载 $p_{min} > 0$，**基底压力呈梯形分布，如图 3 - 14 (a) 所示**。按式 (3 - 10) 计算最大、最小荷载。

　　(2) 保持上部合力 (F+G) 不变，随着偏心距 e 的增加，最大荷载 p_{max} 相应增大，p_{min} 对应减小，当偏心距增大到 $e = \frac{l}{6}$ 时，$1 - \frac{6e}{l} = 0$，计算得出 $p_{min} = 0$，此时**基底压力呈三角形分布，如图 3 - 14 (b) 所示**，得出此种情况下最大荷载的计算公式可简化为

$$p_{\max} = \frac{2(F+G)}{A} \tag{3-11}$$

（3）若偏心距 e 继续增加，将出现 $e > \dfrac{l}{6}$，$p_{\max}$ 也相应增大，$p_{\min}$ 继续减小，即 $p_{\min} < 0$，理论上将产生拉应力，实际上基础与地基之间不能承受拉应力，这种情况下部分基础底面将与地基土脱离，**基底实际的压力重新分布，为如图 3 - 14（c）所示的三角形分布，即 $p_{\min} = 0$**。在这种情况下，基底压力三角形的合力必然通过三角形的形心，与偏心荷载（$F+G$）大小相等、方向相反而互相平衡，列平衡方程如下：

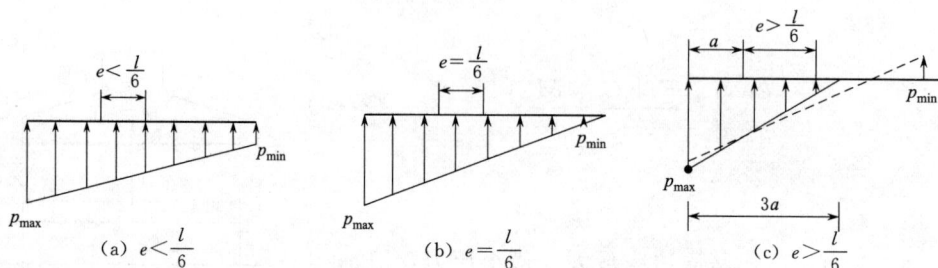

图 3 - 14　单向偏心荷载作用时的基底压力

$$\frac{1}{2} 3a p_{\max} b = F + G$$

由此得出边缘最大压应力 $p_{\max}$ 的计算公式如下：

$$p_{\max} = \frac{2(F+G)}{3ab} \tag{3-12}$$

式中　a——偏心荷载作用点至最大压应力 $p_{\max}$ 作用边缘的距离，偏心荷载作用线通过三角形分布荷载的形心，$3a$ 为应力重新分布后三角形分布的底边长，$a = \left(\dfrac{l}{2} - e\right)$。

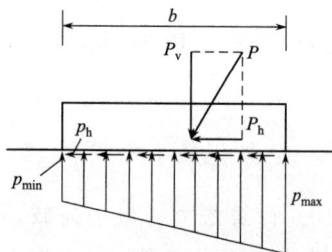

图 3 - 15　倾斜荷载作用下基底压力

一般工程上是不允许基底出现拉力的，而且也不希望出现 $p_{\min} = 0$ 的情况。因此，在设计基础的尺寸时，应使合力偏心距控制在 $e < \dfrac{l}{6}$ 的范围内，以策安全。

3. 倾斜荷载作用下的基底压力

对于承受水压力和土压力的水工建筑物基础，常常受到倾斜荷载的作用，如图 3 - 15 所示。

根据力的分解知识，可以将倾斜荷载 P 分解为竖向荷载 P_v 和水平荷载 P_h，由 P_h 引起的基底水平向应力 p_h 一般假定均匀分布于整个基础底面，对于常用的矩形基础：

$$p_h = \frac{P_h}{A} \tag{3-13}$$

式中 A——矩形基础的底面积，m^2。

对于宽度为 b 的条形基础，长度方向取 1 延长米，即 $l = 1m$，则

$$p_h = \frac{P_h}{b} \tag{3-14}$$

综上，我们分别学习了中心荷载作用、偏心荷载作用以及倾斜荷载作用三种情况下基底压力的计算方法。计算基底压力是为了计算地基的附加应力，进而计算地基土的压缩变形；也是为了计算基础本身的内力，用于配置钢筋和校核强度。对于大尺寸基础，其基底压力不能按直线分布的假定进行计算，而应按弹性地基梁来求解。

三、基底附加压力

上节课我们学习过土体的自重应力，明白了在建筑物建造之前，自重应力早已存在。假如基础修建于地表，则全部基底压力就是新增加于地基表面的附加压力。而实际工程中为了对基础进行保护，一般都将基础埋置于天然地面以下一定深度，该处原有的自重应力由于开挖基坑而卸除，如图 3-16 所示，因此应该用基底压力扣除基底标高处原有的自重应力，才是基底处新增加的压力，即**基底附加压力 p_0**，也称为**基底净压力**。

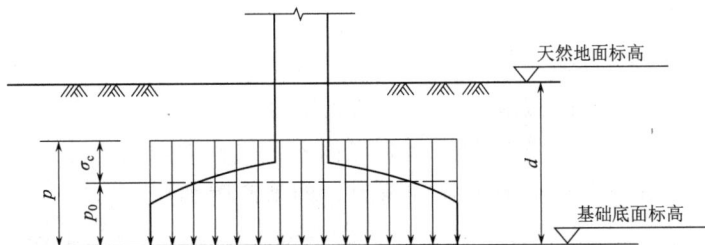

图 3-16 基底附加压力

计算公式如下：

$$p_0 = p - \sigma_c = p - \gamma d \tag{3-15}$$

式中 p——基底压力，kPa；

σ_c——基底处自重应力，kPa；

γ——基础底面标高以上天然土层的重度，地下水位以下应采用有效重度，kN/m^3；

d——基础埋深，从天然地面算起，对于新近填土场地，则应从原天然地面算起，m。

基底附加压力进一步向地基中传递，引起地基土中的附加应力。地基附加应力的计算是关系到地基变形计算正确与否的重要环节，故必须准确理解基底压力、基底附加压力以及地基附加应力三者的概念，并掌握三者的计算方法。地基附加应力我们将在

下一节课给大家讲述。值得同学们注意的是，上述三者虽然有的说是压力，有的说是应力，其实只是因为平时习惯性的叫法不同，实际上均是指应力，单位均为 kPa，希望不要引起同学们的困惑。

本节课就到这里，感谢大家的聆听！

第3-4讲 集中力作用地基的附加应力

同学们，大家好，欢迎来到土力学慕课课堂！这节课我们开始学习地基土中的附加应力 σ_z。

地基中的附加应力是由外荷载作用，在地基土中产生的应力增量，是由基底附加应力 p_0 向下传递而来，如图 3-17 所示。我们再来回顾一下上部结构、基础、地基三者之间荷载的整个传递过程。

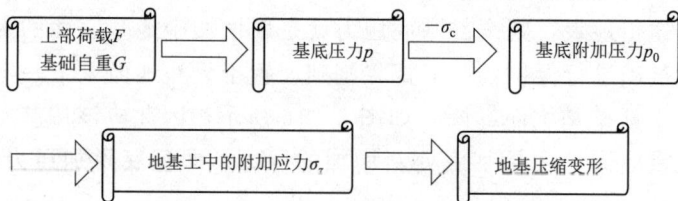

图 3-17 荷载的传递过程

（1）上部荷载 F（包括建筑物及作用于建筑物上的外部荷载）和基础自重 G，通过基础传递到基础与地基的接触面上，即基底压力 p。

（2）基底压力 p 是建筑物修建后基础底面实际受到的压力，减去基底标高处原有土的自重应力 σ_c，才是基底处新增加的压力，即基底附加压力 p_0。

（3）基底附加压力 p_0 进一步向地基土中传递，产生地基土中的附加应力 σ_z，致使地基土产生压缩变形，是引起建筑物沉降的主要原因。

在计算地基中的附加应力时，一般把地基土看成是均质、连续、各向同性的半无限空间线性变形体，采用弹性力学进行解答。

通过基础底面作用于地基上的荷载是由各土粒之间点对点的接触来传递的，为便于说明应力在土中的传递情况，假定土体是由无数等直径的小圆球所组成的，如图 3-18 所示。我们假设地表作用有 1kN 的力 P，则第一层受力的小球将受到 1kN 的铅直力，第二层受力小球增为两个共同承担 1kN 的力，每个小球受力减小且平均分配，依次类推，可

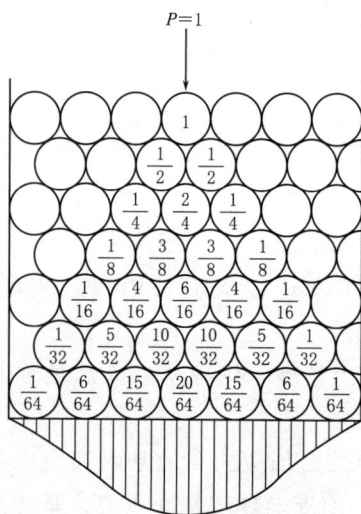

图 3-18 地基受力传递示意图

知土中小球受力情况，如图 3 - 18 所示，**地基土中应力向下传递的同时会向周边扩散**，而不是垂直向下传递。

一、竖向集中力作用地基中的附加应力——布辛奈斯克课题

当弹性半无限空间体表面作用有一竖向集中力时，在半无限空间体内任意一点引起的应力和应变的弹性力学解析解由法国数学家布辛奈斯克（Boussinesq）于 1885 年推解出，这是经典弹性力学中一个基本课题的解答。如图 3 - 19 所示，半无限空间体地基中的任意一点 M，其三维坐标为 (x, y, z)，M 点单元体上共有六个应力分量，由于在工程实践中应用最多的是竖向附加应力，它是使地基土产生压缩变形的主要原因，故这里我们只讨论由竖向集中力 P 引起的竖向附加应力 σ_z 的计算及其分布规律。

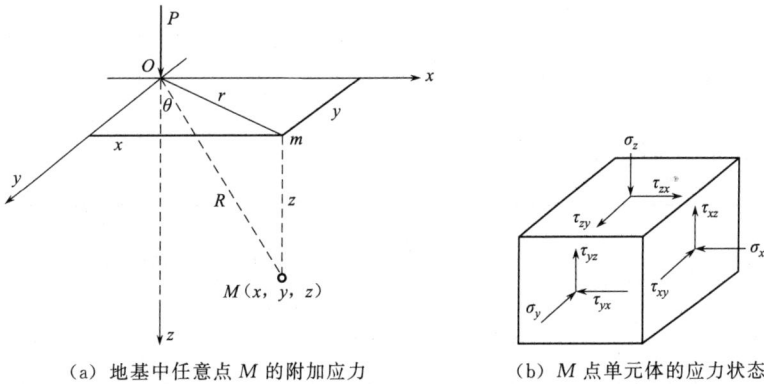

(a) 地基中任意点 M 的附加应力　　　　(b) M 点单元体的应力状态

图 3 - 19　竖向集中力作用地基中的附加应力

1. 竖向集中力作用地基中的附加应力的计算

$$\sigma_z = \frac{3P}{2\pi} \frac{z^3}{R^5} \tag{3-16}$$

式中　σ_z——平行于 z 坐标轴的正应力，即竖向附加应力；

　　　P——作用于坐标原点 O 的竖向集中力；

　　　R——M 点至坐标原点 O 的距离，$R = \sqrt{x^2 + y^2 + z^2} = \sqrt{r^2 + z^2}$；

　　　r——M 点与集中力作用点的水平距离。

为计算方便，将 $R = \sqrt{r^2 + z^2}$ 代入式（3 - 16）计算得出

$$\sigma_z = \frac{3P}{2\pi} \frac{z^3}{(r^2 + z^2)^{5/2}} = \frac{3}{2\pi} \frac{1}{[(r/z)^2 + 1]^{5/2}} \frac{P}{z^2} \tag{3-17}$$

好复杂的一个结果，不过不用害怕，我们作如下改写：

令 $\alpha = \dfrac{3}{2\pi} \dfrac{1}{[(r/z)^2 + 1]^{5/2}}$，则式（3 - 17）可写成

$$\sigma_z = \alpha \frac{P}{z^2} \qquad\qquad (3-18)$$

式中 α——集中力作用下地基土的竖向附加应力系数,无量纲,是 r/z 的函数,可查表取值,从表 3-1 中可以看出 α 随着 r/z 的增大而减小,当深度 z 一定时,竖向集中力作用点的水平距离 r 越大则 α 越小。

表 3-1   竖向集中力作用地基附加应力系数 α 值

r/z	α	r/z	α	r/z	α	r/z	α	r/z	α
0.00	0.4775	0.5	0.2733	1.00	0.0844	1.50	0.0251	2.00	0.0085
0.05	0.4745	0.55	0.2466	1.05	0.0744	1.55	0.0224	2.20	0.0058
0.10	0.4657	0.60	0.2214	1.10	0.0658	1.60	0.0200	2.40	0.0040
0.15	0.4516	0.65	0.1978	1.15	0.0581	1.65	0.0179	2.60	0.0029
0.20	0.4329	0.70	0.1762	1.20	0.0513	1.70	0.0160	2.80	0.0021
0.25	0.4103	0.75	0.1565	1.25	0.0454	1.75	0.0144	3.00	0.0015
0.30	0.3849	0.80	0.1386	1.30	0.0402	1.80	0.0129	3.50	0.0007
0.35	0.3577	0.85	0.1226	1.35	0.0357	1.85	0.0116	4.00	0.0004
0.40	0.3294	0.90	0.1083	1.40	0.0317	1.90	0.0105	4.50	0.0002
0.45	0.3011	*0.95	0.0956	1.45	0.0282	1.95	0.0095	5.00	0.0001

需要大家注意的是:在土力学中,应力正负号的规则与弹性力学正好相反,即法向应力以压为正,以拉为负。

2. 竖向集中力作用地基中附加应力的分布规律

我们通过一道例题来找寻竖向集中力作用时地基土中附加应力的分布规律。

【例 3-1】 如图 3-20 所示,在地基表面作用一集中荷载 $P=200\text{kN}$,试求:

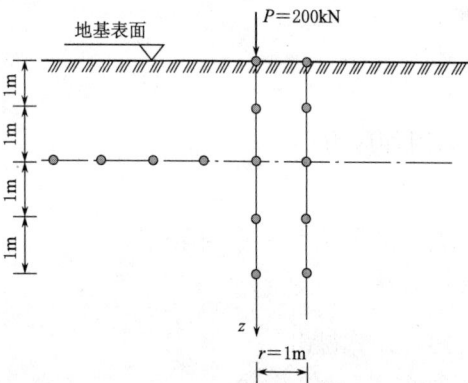

(1) 在地基中 $z=2\text{m}$ 的水平面上,水平距离 $r=0$、1m、2m、3m、4m 处各点的附加应力 σ_z 值。

(2) 在地基中 $r=0$ 的竖直线上距地基表面 $z=0$、1m、2m、3m、4m 处各点的 σ_z 值。

(3) 距集中力 P 的作用点 $r=1\text{m}$ 处竖直线上距地基表面 $z=0$、1m、2m、3m、4m 处各点的 σ_z 值。

同学们根据上述附加应力计算公式 $\sigma_z = \alpha \frac{P}{z^2}$,自行计算所求各点的应力大小,并绘出应力分布图。

图 3-20 [例 3-1] 图

(1) 图 3-21 为同一深度处的地基附加应力计算结果和分布。在同一深度 $z=2\text{m}$

的水平面上，σ_z 在集中力作用线上，即 $r=0$ 处最大，并随着 r 的增加而逐渐减小，同学们可以结合假定的土体小圆球模型理解。随着深度 z 的增加，这一分布趋势保持不变，但 σ_z 随着 r 增加而降低的速率变缓。

（2）在竖向集中力 P 的作用线上，即 $r=0$ 的铅直线上，当 $z=0$ 时，计算结果 $\sigma_z \rightarrow \infty$，出现这一结果是将集中力作用面积看作零所致，因此，所选择的计算点不应过于接近集中力的作用点；随着深度 z 的增加，σ_z 逐渐减小，如图 3-22 所示。

（3）当处于 $r > 0$ 的竖直线上，当在地表 $z=0$ 时，竖向附加应力 $\sigma_z = 0$，随着深度 z 的增加，σ_z 从零逐渐增大，至某一深度后又随着 z 的增加逐渐变小，如图 3-23 所示。

由此可见，集中力 P 在地基中引起的附加应力 σ_z 向**深层和四周无限传播**，在传播过程中应力逐渐降低，我们称此现象为土中**应力扩散现象**。

3. 多个集中力作用地基土中附加应力的计算

若地面上同时作用有若干个竖向集中力 $P_i (i=1,2,\cdots,n)$ 时，如图 3-24 所示。

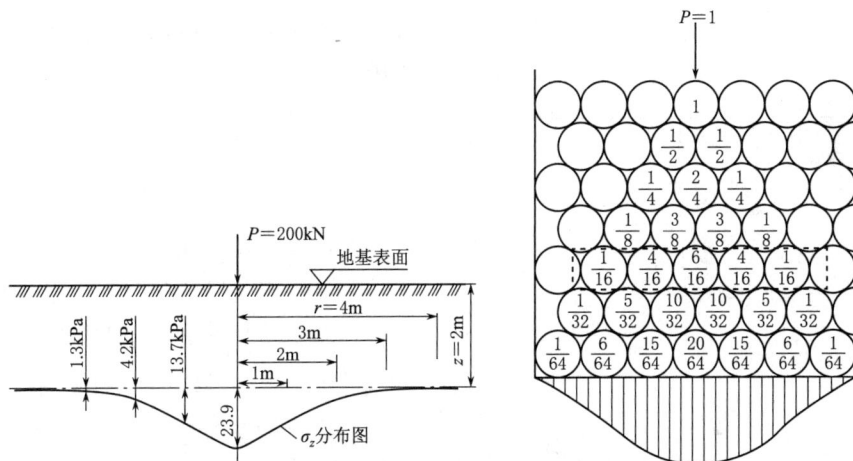

图 3-21　同一深度处的地基附加应力分布图

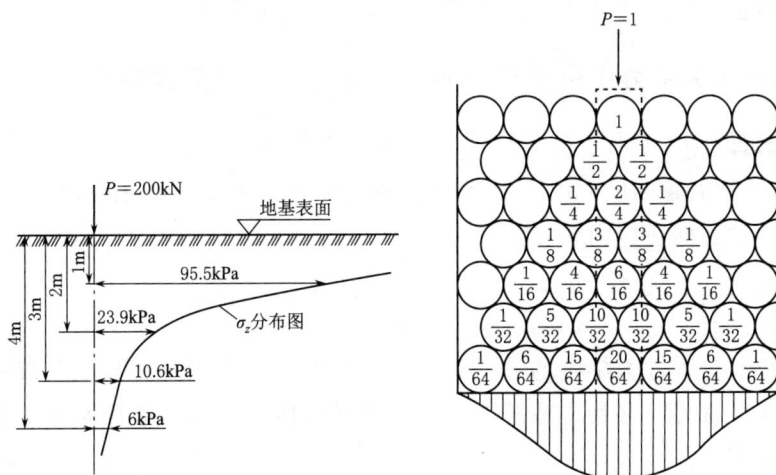

图 3-22　在竖向集中力作用线上（$r=0$）地基附加应力分布图

53

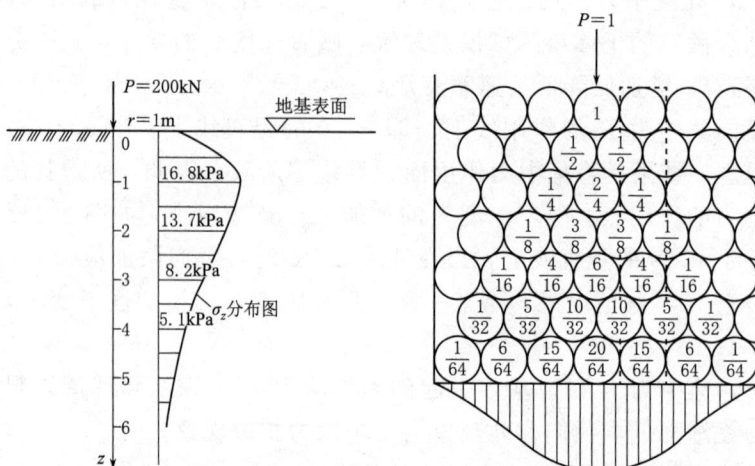

图 3-23 在不通过集中力作用点的任一直线上（$r > 0$）地基附加应力分布图

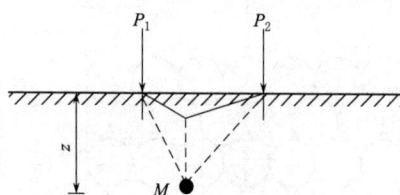

图 3-24 多个集中力作用
地基土中附加应力

分别算出各个集中力对目标点 M 的附加应力，再对其进行求和：

$$\sigma_z = \alpha_1 \frac{P_1}{z^2} + \alpha_2 \frac{P_2}{z^2} + \cdots + \alpha_n \frac{P_n}{z^2} = \sum_{i=1}^{n} \alpha_i \frac{P_i}{z^2}$$

$$(3 - 19)$$

式中　α_i——第 i 个竖向集中力作用地基的竖向附加应力系数，按 r_i/z 查相关土力学教材中的附加应力系数表格，其中 r_i 是第 i 个集中荷载作用点到 M 点的水平距离。

在工程实践中，若建筑物的基础较多，每个基础的面积又较小，也可把每个基础的荷载作为单独的集中力考虑，再求和。此为力的叠加原理。

二、水平向集中力作用地基附加应力计算——西罗提课题

当地基表面作用有水平向集中力 P_h 时，如图 3-25 所示，在地基内任一点 M（x，y，z）处所引起的应力由西罗提（Cerruti）推导得出，同样我们只讨论与沉降计算关系密切的竖向正应力 σ_z 的表达式：

$$\sigma_z = \frac{3P_h}{2\pi R^5} x z^2 \qquad (3-20)$$

西罗提是经典弹性力学中的另一基本课题解答。只有当基底与地基表面之间有足够的摩擦力或黏聚力，并且将地基土视为连续弹性体时，地基表面水平荷载才能在地基中引起附加应力。

对本节课的内容进行小结，本节课我们利用布辛奈斯克课题学习了竖向集中力作

用下地基中竖向附加应力 σ_z 的计算及其分布规律，多个集中力作用时的叠加原理；利用西罗提课题解答水平向集中力作用时地基竖向附加应力 σ_z 计算等，这些是我们下一节课的理论基础，请同学们认真领会。

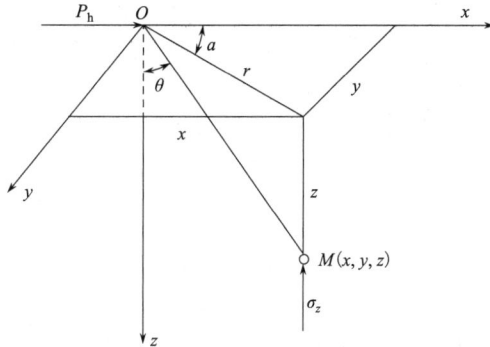

图 3−25　水平向集中力作用地基土中附加应力

本节课就到这里，感谢大家的聆听！

第 3−5 讲　分布荷载作用地基的附加应力——空间问题

同学们，大家好，欢迎来到土力学慕课课堂！

上一讲我们学习了竖向集中力作用，地基中的附加应力 σ_z 的计算及其分布规律。其实工程实践中，作用在地基上的荷载很少是集中力的形式，往往是通过基础分布在一定的面积上。本节以弹性理论的基本假设为前提，利用上节课学习的布辛奈斯克课题和西罗提课题这两个基本课题的计算公式，分别按工程特点、实际的荷载条件与边界条件，通过应力叠加原理或者积分的方法求解各种分布荷载作用时土中应力计算公式，供应力计算时使用。

按照问题的性质，将应力划分为空间问题和平面问题两大类型。**本节课我们先学习空间问题的附加应力计算。**

所谓**空间问题**，就是指地基中的应力为三维坐标 x、y、z 的函数，基础底面的长与宽之比 $l/b < 10$ 的基础，如矩形及圆形基础下的应力计算。

一、矩形基础垂直均布荷载作用地基中的附加应力

轴心受压的独立柱基础的基底附加压力属于矩形基础垂直均布荷载的情况。如图 3−26 所示，矩形荷载面的长和宽分别为 l 和 b，垂直均布荷载为 p_0。

我们来看具体方法：首先从荷载面内取一微小面积 $dxdy$，由于面积极小，其上的分布荷载可以看成是微小集中力，大小为 $dP = p_0 dx dy$，则由此集中力所产生的角

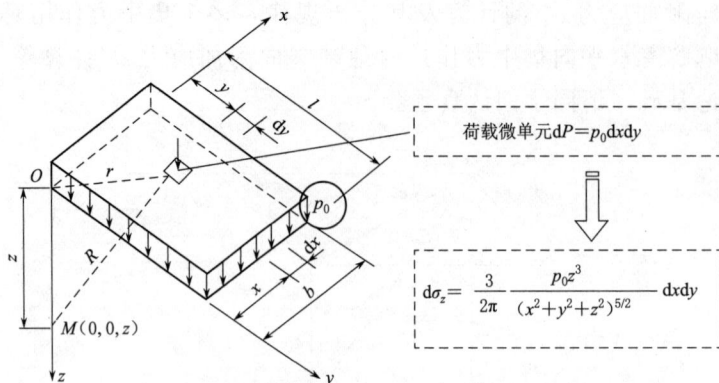

图 3-26 矩形基础垂直均布荷载作用角点下的附加应力

点 O 下任意深度 z 处 M 点的竖向附加应力 $d\sigma_z$，可根据布辛奈斯克课题中求解出的竖向集中力作用地基土中的竖向附加应力公式［式（3-16）］来进行计算

$$d\sigma_z = \frac{3}{2\pi} \frac{p_0 z^3}{(x^2 + y^2 + z^2)^{5/2}} dx\,dy \qquad (3-21)$$

这是微小的荷载面积作用对角点 O 下任意深度 z 处 M 点的竖向附加应力 $d\sigma_z$，根据力的叠加原理，对整个矩形面积进行积分，得出整个矩形荷载作用时角点下地基的附加应力 σ_z，表达式如下：

$$\sigma_z = \iint_A d\sigma_z = \frac{3p_0 z^3}{2\pi} \int_0^l \int_0^b \frac{1}{(x^2 + y^2 + z^2)^{5/2}} dx\,dy$$

$$= \frac{p_0}{2\pi} \left[\frac{lbz(l^2 + b^2 + 2z^2)}{(l^2 + z^2)(b^2 + z^2)\sqrt{l^2 + b^2 + z^2}} + \arctan\frac{lb}{z\sqrt{(l^2 + b^2 + z^2)}} \right]$$

$$(3-22)$$

由于该计算式太过冗长烦琐，所以上式中提取出 p_0 之后，令剩余部分为 α_c。

则 $$\alpha_c = \frac{1}{2\pi} \left[\frac{lbz(l^2 + b^2 + 2z^2)}{(l^2 + z^2)(b^2 + z^2)\sqrt{l^2 + b^2 + z^2}} + \arctan\frac{lb}{z\sqrt{(l^2 + b^2 + z^2)}} \right]$$

至此，附加应力 σ_z 的计算式可简化为

$$\sigma_z = \alpha_c p_0 \qquad (3-23)$$

式中 α_c——矩形基础垂直均布荷载作用**角点**下的竖向附加应力系数，其值可通过 l/b 及 z/b 的值查取教材或相关规范的表格获取。

通过观察我们发现，α_c 与矩形基础的底面积尺寸 l、b 及目标点 M 至基础底面的深度 z 有关。

至此同学们是否有柳暗花明、豁然开朗的感觉呢？

同学们需要注意：通过直接查表获取的附加应力系数 α_c 只能是**角点**的，并且在查表过程中，l 为矩形基础荷载面的长边，b 为短边。

实际计算中，常会遇到计算点并不位于矩形荷载面的角点之下的情况，针对这种

情况解决的思路是：通过点 M 在基础底面上的水平投影 M' 把荷载面分成若干个矩形面积，这样 M 点就必然会落到所划出的各个小矩形的公共角点之上，就可以利用 $\sigma_z = \alpha_c p_0$ 及力的叠加原理来求解，这种方法称为**角点法**。

现针对以下两种计算点 M 不在角点下的典型情况，给出详细的求解过程。

（1）M 点的投影在荷载面以内，如图 3-27（a）所示。

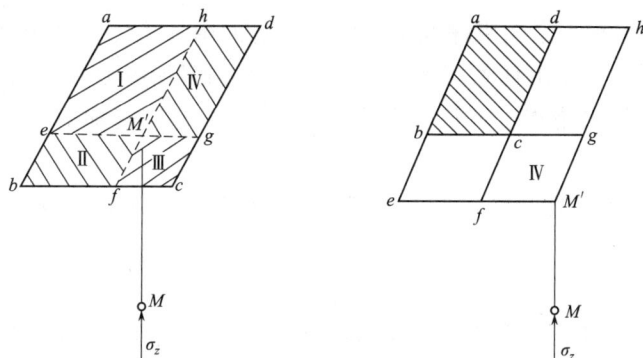

（a）M 点投影到基础面以内　　　（b）M 点投影到基础面以外

图 3-27　计算点 M 不在矩形基础角点下

矩形荷载面 $abcd$，地基中的一点 M 在基础底面上的投影 M' 在荷载面以内，不在角点上，不能直接查表获取附加应力系数。针对这种情况，通过 M 点在荷载面的投影 M' 点，分别作平行于基础底面长边和短边的两条辅助线 fh 和 eg，于是 M 点就成为 I、II、III、IV 四个新的小矩形荷载的公共角点，利用力的叠加原理，则 M 点的附加应力为上述四个新矩形荷载产生的附加应力之和，即

$$\sigma_z = \sigma_{z\mathrm{I}} + \sigma_{z\mathrm{II}} + \sigma_{z\mathrm{III}} + \sigma_{z\mathrm{IV}} = (\alpha_{c\mathrm{I}} + \alpha_{c\mathrm{II}} + \alpha_{c\mathrm{III}} + \alpha_{c\mathrm{IV}})p_0 \tag{3-24}$$

如果 M 点的投影 M' 位于受荷面的中心，则 $\alpha_{c\mathrm{I}} = \alpha_{c\mathrm{II}} = \alpha_{c\mathrm{III}} = \alpha_{c\mathrm{IV}}$，得 $\sigma_z = 4\alpha_{c\mathrm{I}} p_0$，此为利用角点法求得的垂直均布矩形荷载面中心点下 σ_z 的值。

（2）M 点的投影在荷载面外侧，如图 3-27（b）所示。

矩形荷载面 $abcd$，地基中的一点 M 在基础底面上的投影 M' 在荷载面外侧，同样不能直接查表获取附加应力系数。此类情况，我们设想将基础荷载面扩大，使 M' 位于扩大后的基础底面角点上。但实际基础的荷载面只有 $abcd$，应该遵循所划分的矩形面积的总和必须等于原有的受荷面积。所以根据力的叠加原理，基础底面是由 I（$M'hae$）扣除 II（$M'hdf$）和 III（$M'gbe$）之后再加上 IV（$M'gcf$）而成，则

$$\sigma_z = \sigma_{z\mathrm{I}} - \sigma_{z\mathrm{II}} - \sigma_{z\mathrm{III}} + \sigma_{z\mathrm{IV}} = (\alpha_{c\mathrm{I}} - \alpha_{c\mathrm{II}} - \alpha_{c\mathrm{III}} + \alpha_{c\mathrm{IV}})p_0 \tag{3-25}$$

同学们在应用角点法时需注意以下三点：

1）要使目标点 M 位于所划分的每一个矩形的公共角点。

2）所划分的矩形面积总和应等于原有的受荷面积，不能人为将荷载面扩大或减小，避免与原来作用荷载不等效。

3）查表时，所有分块矩形都是长边为 l，短边为 b，因为表格中只有 $l/b \geqslant 1$。

二、矩形基础竖向三角形荷载作用地基的竖向附加应力

设竖向荷载沿矩形面积一边 b 方向上呈三角形分布，而沿另一边 l 方向的荷载分布不变，荷载的最大值为 p_0，取荷载零值边的角点 1 为坐标原点，如图 3-28 所示，在荷载面内某点（x，y）处取微面积 $dxdy$，其上的分布荷载以微小集中力 $dP = \dfrac{x}{b} p_0 dxdy$ 代替，代入布辛奈斯克课题中求解出的竖向附加应力计算公式 [式（3-16）]，即为微面积荷载对角点 1 下任意深度 z 处 M 点的竖向附加应力 $d\sigma_z$。同样，在整个矩形基础底面内积分，得出**角点 1** 下任意深度 z 处 M 点的竖向附加应力 σ_z 如下：

$$\sigma_z = \alpha_{t1} p_0 \tag{3-26}$$

同理，还可用同样的方法，求得荷载最大边的**角点 2** 下任意深度 z 处的竖向附加应力 σ_z 为

$$\sigma_z = \alpha_{t2} p_0 \tag{3-27}$$

α_{t1} 和 α_{t2} 分别为矩形面积竖向三角形荷载作用时，角点 1 和角点 2 的附加应力系数，均为 l/b 和 z/b 的函数，可由教材或规范表格查取。

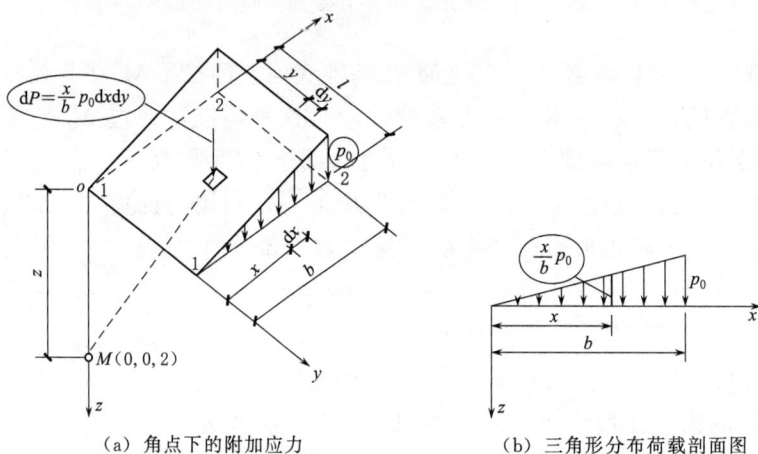

（a）角点下的附加应力　　　　（b）三角形分布荷载剖面图

图 3-28　矩形基础竖向三角形荷载作用地基的竖向附加应力

特别需要同学们注意的是：b 是沿三角形荷载分布方向的边长，l 为另外一边，这与均布荷载是不同的。

应用上述所学的矩形基础垂直均布荷载和竖向三角形分布荷载角点下的附加应力系数 α_c、α_{t1} 和 α_{t2}，即可用**角点法**求得梯形分布时，地基中任意点的竖向附加应力值。

三、矩形基础水平均布荷载作用地基的竖向附加应力

如图 3-29 所示，当矩形荷载面承受水平均布荷载 p_h 时，代入西罗提课题解后，同样再在荷载面积上进行积分，求得矩形荷载面的左角点 A 和右角点 C 下的任意深度两个附加应力。计算表明，**在角点 A 与角点 C 下相同深度的附加应力绝对值相同**，

但符号相反。

在土力学中，应力以拉为负，以压为正，所以角点 A 下的 σ_z 为**负值**，而角点 C 下的 σ_z 为**正值**。

$$\sigma_z = \mp \alpha_h p_h \tag{3-28}$$

式中 　 p_h——均布水平荷载，kPa;

　　　 α_h——应力分布系数，为 l/b 和 z/b 的函数，其值同样可查教材或规范中的表格获取；

　　　 b——平行于水平荷载方向的边长，m;

　　　 l——垂直于水平荷载方向的边长，m。

附加应力的正负号取决于角点相对于水平荷载作用方向的位置。计算表明，在平行于水平荷载方向 b 边的**中点下面**任一深度由水平荷载引起的附加应力 $\boldsymbol{\sigma_z = 0}$。

同样求矩形荷载面以内或以外任一点之下的附加应力，也可利用叠加原理综合角点法进行。

四、圆形基础竖向均布荷载作用地基的竖向附加应力

如图 3-30 所示，半径为 r_0 的圆形基础面积上作用垂直均布荷载 p_0。

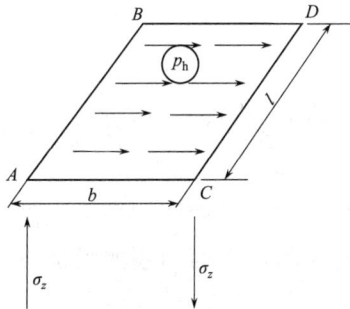

图 3-29 　 矩形基础水平均布荷载作用地基的竖向附加应力

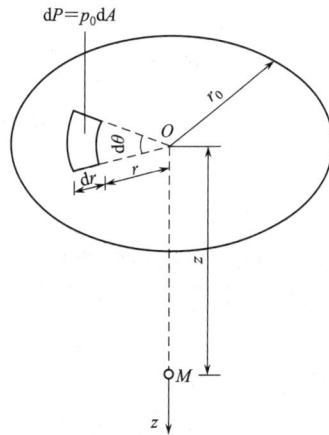

图 3-30 　 圆形基础竖向均布荷载作用地基的竖向附加应力

为求荷载面**中心点下**任意深度 z 处 M 点的竖向附加应力 σ_z，可在荷载面上取微面积 $dA = r d\theta dr$，以集中力 $p_0 dA$ 代替微面积上的分布荷载，运用布辛奈斯克课题求解出的计算公式（3-16），以积分法求得垂直均布圆形荷载作用中心点下附加应力 σ_z 为

$$\sigma_z = \alpha_0 p_0 \tag{3-29}$$

圆周边下的附加应力 σ_z 为

$$\sigma_z = \alpha_r p_0 \tag{3-30}$$

式中 α_0——圆形基础面积竖向均布荷载作用中心点下的附加应力系数;

α_r——圆形基础面积竖向均布荷载作用边缘下的附加应力系数。

均是 (z/r_0) 的函数,可查表取值。

现对本节课内容做一小结,这节课我们学习了实际工程中分布荷载作用时地基竖向附加应力中的第一类问题,也就是**空间问题**,常见的有矩形基础和圆形基础,我们分析了矩形基础垂直均布荷载作用,矩形基础竖向三角形荷载作用,矩形基础水平均布荷载作用,以及圆形基础竖向均布荷载作用下地基土中的**竖向附加应力**计算。无论是竖向分布荷载,或是水平均布荷载都是从荷载面内取一微小面积 $\mathrm{d}x\mathrm{d}y$,看成是集中力作用,由此集中力所产生的微小的竖向附加应力 $\mathrm{d}\sigma_z$ 分别利用布辛奈斯克课题或者西罗提课题求解,再对整个荷载作用面积进行积分,得出如上基础形式不同的分布荷载地基的竖向附加应力 σ_z。

其计算公式可总结为

$$\sigma_z = \alpha p_0$$

式中 α——不同基础作用不同荷载形式时对应的附加应力系数;

p_0——基底附加应力,kPa。

本节课就讲到这里,感谢大家的聆听!

第 3-6 讲 分布荷载作用地基的附加 应力——平面问题

同学们,大家好,欢迎来到土力学慕课课堂!这节课我们来学习分布荷载作用地基附加应力中的平面问题。

根据应力空间坐标的关系属性,将其分为空间问题和平面问题两大类型。上节课我们学习了空间问题的附加应力计算,这节课接着来学习平面问题的附加应力是如何计算的。

若地基中的应力为三维坐标 x、y、z 的函数则称为**空间问题**,比如上一节所学的矩形基础荷载和圆形基础荷载下的附加应力计算;若应力是 x、z 二维坐标的函数,即在半无限弹性体表面作用无限长的条形分布荷载,并且沿长度方向的分布规律是相同的,则土中任意一点 M 处的应力只与该点的平面坐标 (x, z) 有关,而与荷载长度方向的 y 轴坐标无关,此类问题称为**平面问题**。

当矩形荷载面的长宽比 $l/b \geqslant 10$ 时,矩形基础角点下的地基附加应力与 $l/b \to \infty$ 时的地基附加应力相比相差极小。在实际工程中,无限长的荷载是没有的,**常将基础底面的长宽比 $l/b \geqslant 10$ 的基础称为条形基础**,条形基础下的附加应力计算即属于此类平面问题。如图 3-31 所示,土堤、土坝、挡土墙等构筑物的基础可按条形基础计算。

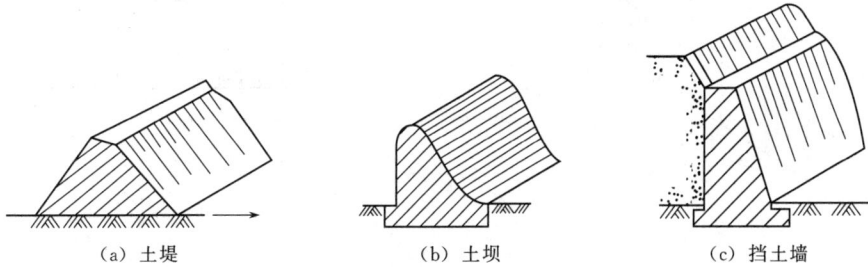

（a）土堤　　　　　　　（b）土坝　　　　　　　（c）挡土墙

图 3-31　常见的条形基础

一、竖向线荷载作用下土中附加应力

线荷载是作用在地基表面上一条无限长的直线上的均布荷载，即理论上荷载宽度趋近于极小值，如图 3-32 所示。设竖向均布线荷载 p_0 作用在 y 轴上，沿 y 轴截取一微分段 dy，将其上作用的线荷载以集中力 $p_0 dy$ 代替，同样利用集中力作用的式（3-16）并在沿着线荷载的方向进行积分，即可得出在地基中任意一点 M 点引起的竖向附加应力 σ_z 的计算公式：

$$\sigma_z = \frac{2 p_0 z x^2}{\pi (x^2 + z^2)^2} \tag{3-31}$$

此公式由弗拉曼（Flamant）推出，即著名的费拉曼解答。同学们不需要去记忆这些计算公式，这只是我们接下来要讲解的条形基础面积地基附加应力计算的基础。

二、条形基础竖向均布荷载作用地基的附加应力

如图 3-33 所示，在一宽度为 b 的条形基础底面上作用有竖向均布荷载 p_0，荷载沿长度方向无限延伸。取坐标原点 O 位于基底宽度的**端部**位置，竖直向下建立坐标 z 轴，沿 x 轴取微宽度为 $d\xi$、长为无限长的微分段，作用于其上的荷载以 $p_0 d\xi$ 代替，运用费拉曼线荷载的计算公式［式（3-31）］并在宽度（0，b）范围内进行积分，可求得地基中任意点 M 处的竖向附加应力 σ_z，计算公式如下：

$$\sigma_z = \alpha_{sz} p_0 \tag{3-32}$$

式中　α_{sz}——条形基础竖向均布荷载作用时相应的附加应力系数，是 x/b 和 z/b 的函数，可参考土力学教材查表获取；

　　　x——目标点 M 距离坐标 z 轴的水平距离，m；

　　　b——条形基础的宽度，m；

　　　z——目标点 M 至基础底面的铅垂距离，m。

特别需要同学们注意的是，以上系数为坐标原点建立在条形基础宽度的端部时对应的系数。**查表时，x 会有正负之分，如果 M 点位于坐标 z 轴荷载方向的一侧，则 x 为正；若 M 点位于坐标 z 轴零荷载的外侧，则 x 为负。**

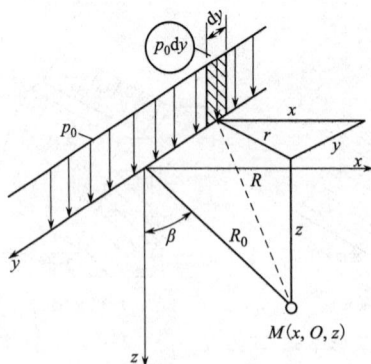

图 3-32 竖向线荷载作用下土中
任意点的附加应力

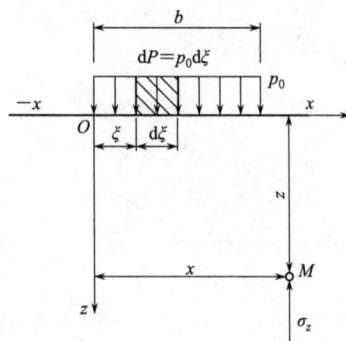

图 3-33 条形基础竖向均布荷载
作用地基的附加应力

如果同学们在参考其他土力学资料或者教材时，发现有坐标原点建立在条形基础中点的情况，那么在查表时要注意同一个 M 点对应的 x 值会变化，即 x/b 会发生变化，所以查表时一定要注意其对应的坐标 z 轴是建立在什么位置。但是对于客观存在的一点 M，相同的荷载在地基中产生的附加应力是一样的，不会因为人为建立的坐标轴而变化，所以在不同的表中虽然目标点 M 距离坐标 z 轴的水平距离 x 不同，但查出的附加应力系数值都是一样的。

三、条形基础竖向三角形荷载作用地基的附加应力

如图 3-34 所示，宽度为 b 的条形基础受最大附加应力为 p_0 的竖向三角形分布荷载作用，取坐标原点 O 位于基底端零荷载的位置，竖直向下建立坐标 z 轴，沿 x 轴取微宽度为 $\mathrm{d}\xi$，地基中的附加应力同样先求出微宽度 $\mathrm{d}\xi$ 上作用的竖直线荷载 $\dfrac{p_0 \xi}{b}\mathrm{d}\xi$，再在宽度 b 范围内进行积分，即可得到整个三角形分布荷载对 M 点引起的竖向附加应力，计算公式如下：

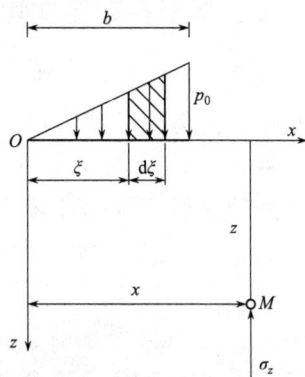

$$\sigma_z = \alpha_{tz} p_0 \qquad (3-33)$$

式中 α_{tz}——附加应力系数，同样是 x/b 和 z/b 的函数，
可参考土力学教材查表获取。

查表时需要同学们注意的是，查取的表格与所对应的坐标轴建立的位置要一致，否则会出现错误的结果。

图 3-34 条形基础竖向三角形
荷载作用地基的附加应力

四、条形基础面积上作用水平均布荷载时的附加应力

如图 3-35 所示，条形面积受水平均布荷载 p_h 作用时，地基中任意点 M 处竖向附加应力 σ_z 可按下式计算：

$$\sigma_z = \alpha_{hz} p_h \tag{3-34}$$

式中　α_{hz}——条形面积水平均布荷载作用时的附加应力系数，是 x/b 和 z/b 的函数，可参考土力学教材查表获取。

到目前为止，我们学习了作用于常用基础上的不同的荷载形式对地基的附加应力计算，现对常用基础形式和荷载形式进行总结，如图 3-36 所示，请同学们对照起来，对这节课的知识点进行消化吸收。

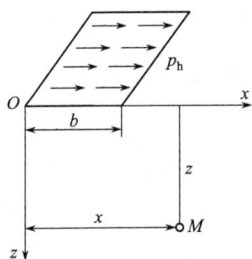

图 3-35　条形基础水平均布荷载作用地基的竖向附加应力

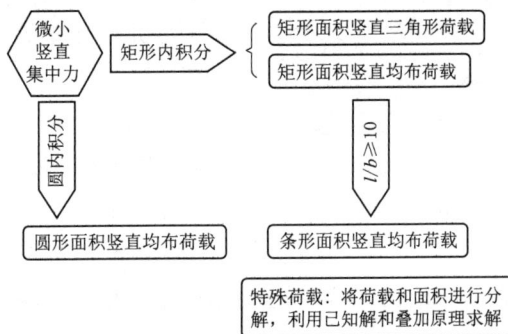

图 3-36　地基附加应力小结

这节课就讲到这里，请同学们课后练习地基附加应力的计算题加深巩固，感谢大家的聆听。

第 3-7 讲　土 的 有 效 应 力 原 理

同学们，大家好，欢迎来到土力学慕课课堂！本章最后，我们来学习饱和土的有效应力原理。

有效应力原理是土力学中的一个重要原理，是太沙基（Terzaghi）于 1923 年首先提出的。有效应力原理是近代土力学与古典土力学的一个重要区别，古典土力学用总应力来研究土的压缩性和土的强度；现代土力学用有效应力来研究土的力学特性，后者更具科学性。同时，因为土体具有碎散的特征，有效应力原理也是土力学有别于其他固体力学的重要原理之一。

一、有效应力原理

根据之前的学习，我们知道按照土体中土骨架和土中孔隙（水、气）承担或传递应力的方式不同，土体中的应力分为有效应力和孔隙应力。**有效应力**是由土体中的土骨架传递或承担的应力，它是通过土颗粒点对点的接触来传递的；对于饱和土体来说可以认为土的孔隙中全部充满水，土中水传递和承担的应力属于孔隙应力。

当荷载作用于饱和土体时，这些荷载是由土骨架承担还是由孔隙水承担，涉及土骨架和孔隙水这两个受力体系的问题。太沙基给出了饱和土体的有效应力表达式：

$$\sigma' = \sigma - u \tag{3-35}$$

式中 σ——总应力，kPa；

σ'——有效应力，kPa；

u——孔隙水压力，kPa。

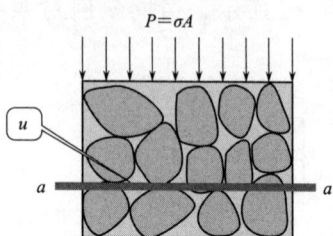

图 3-37 土的有效
应力原理

通常情况下，总应力已知或者容易得知，孔隙水压力由实验测定或者计算得出，即可根据上述公式计算出有效应力。**只有有效应力才能使土颗粒彼此挤紧，从而引起土体的压缩变形，有效应力是计算地基沉降的基础。**

斯肯普顿（Skempton）又对太沙基提出的有效应力原理作了详细的证明。其过程如下，自土体中取一个放大后的截面 a—a，如图 3-37 所示。

设断面平均面积为 A，由颗粒接触点的面积 A_s 与孔隙水的面积 A_w 两部分组成。若作用于该截面上的总压力为 P，根据力的平衡条件：

$$P = P_s + P_w \tag{3-36}$$

式中 P——作用于该截面上的总压力，其值大小等于截面 a—a 上的法向总应力 σ 与截面面积 A 的乘积，kN；

P_s——通过颗粒接触面传递的于 a—a 截面的法向分力之和，kN；

P_w——通过孔隙水传递的压力，其大小等于孔隙水单位面积上受到的压力 u 与孔隙水的作用面积 A_w 的乘积，kN。

即 $$\sigma A = P_s + A_w u = P_s + (A - A_s)u \tag{3-37}$$

由于颗粒间接触面积 A_s 非常微小，接触情况又十分复杂，微观层面颗粒间力的传递方向亦变化无常，因此若按力与受力面积之比来定义有效应力是极其困难的。为了方便使用，常把通过颗粒接触面传递的在 a—a 截面的法向分力之和 P_s 除以截面总面积 A 所得到的平均应力来定义有效应力 σ'，之前学习的**自重应力就是指的土颗粒间传递并承担的有效应力，只是省略了"有效"二字。**

式（3-37）两边同时除以 A 得

$$\sigma = \sigma' + \left(1 - \frac{A_s}{A}\right)u \tag{3-38}$$

由于颗粒间是点对点的接触。其接触面积 A_s 很小，实用上与整个断面比较可忽略不计，故式（3-38）可简化为

$$\sigma = \sigma' + u \tag{3-39}$$

式（3-39）可以说明，**通过单位面积上的总应力等于有效应力和孔隙水压力之和，此式即为饱和土的有效应力原理。**

在饱和土中，无论是土的自重应力还是附加应力，均符合有效应力原理。对自重

应力而言，σ 为水与土颗粒的总自重应力，u 为静水压力，σ' 为土的有效自重应力。对附加应力而言，σ 为附加应力，u 为超静孔水压力，σ' 为有效应力的增量。

同学们需要知道：土体孔隙水压力有静水压力和超静孔水压力之分。前者是由水的自重引起的，其大小取决于水位的高低；后者一般是由附加应力引起的，在土体固结过程中会不断地向有效应力转化。超静孔水压力通常简称为孔隙水压力，以后各章中所提到的孔隙水压力一般是指这一部分。

二、静水条件下的有效应力

我们先来思考这样一个问题，如图 3−38 所示，相同的量筒甲、乙，底部放置相同的砂土，甲筒中砂土上放置钢球，乙筒中加入与钢球同重量的水。请同学们进行思考，两个量筒中的砂土是否均被压缩变形？

为回答这一问题，我们先来利用有效应力原理，分析在静水条件下土体中的孔隙水压力与有效应力。如图 3−39 所示，地面以上水深为 h_1，地面以下深度为 h_2，我们来看看 A 点的有效应力是多少。

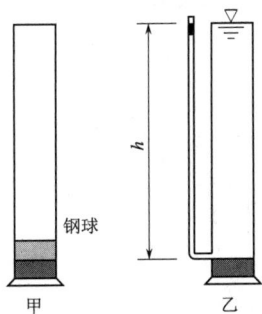

图 3−38　砂土的压缩变形示意图　　　图 3−39　静水条件下的有效应力

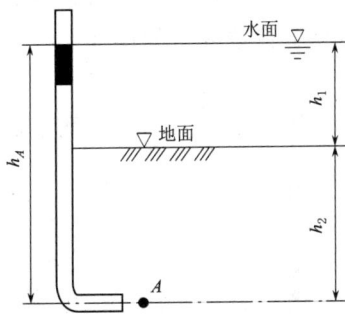

A 点的竖向总应力为

$$\sigma = \gamma_w h_1 + \gamma_{sat} h_2$$

A 点的测压管水位为 h_A，于是 A 点的孔隙水压力为

$$u = \gamma_w h_A = \gamma_w (h_1 + h_2)$$

根据有效应力原理，可得 A 点的有效应力为

$$
\begin{aligned}
\sigma' = \sigma - u &= (\gamma_w h_1 + \gamma_{sat} h_2) - \gamma_w (h_1 + h_2) \\
&= \gamma_{sat} h_2 - \gamma_w h_2 \\
&= \gamma' h_2
\end{aligned}
$$

$$(3-40)$$

由此可见，当地面以上水深 h_1 变化时，可以引起土体中总应力 σ 和孔隙水压力 u 的变化，但有效应力 σ' 不会随 h_1 的升降而变化，**即有效应力 σ' 与 h_1 无关，亦即 h_1 的变化不会引起土体的压缩。**

现在同学们对两个量筒中的砂土的压缩性有答案了吗？

三、渗流条件下的有效应力

土体中有渗流时，渗透水流将对土颗粒施加渗透力，这必然影响土中有效应力的分布。现通过以下情况来说明渗流作用对有效应力及孔隙水压力分布的影响。

1. 渗流自上而下

在水位差的作用下产生了自上而下的渗流，如图 3-40（a）所示。土层表面的孔隙水压力与静水情况相同，仍为 $\gamma_w h_1$，渗流发生后 A 点通过测压管观测其水头为 h_w，孔隙水压力因渗流产生了水头损失 h，则 A 点的孔隙水压力 u：

$$u = \gamma_w h_w = \gamma_w(h_1 + h_2 - h)$$

A 点的竖向总应力为

$$\sigma = \gamma_w h_1 + \gamma_{sat} h_2$$

根据有效应力原理，可得 A 点的有效应力为

$$\sigma' = \sigma - u = \gamma' h_2 + \gamma_w h \tag{3-41}$$

与静水情况相比，当发生从上而下的渗流时，A 点的总应力仍保持不变，孔隙水压力减小了 $\gamma_w h$，而有效应力却相应增加了 $\gamma_w h$。说明在总应力不变的条件下，孔隙水压力的减小等于有效应力的增加。

2. 渗流自下而上

在水位差的作用下产生了自下而上的渗流，如图 3-40（b）所示。

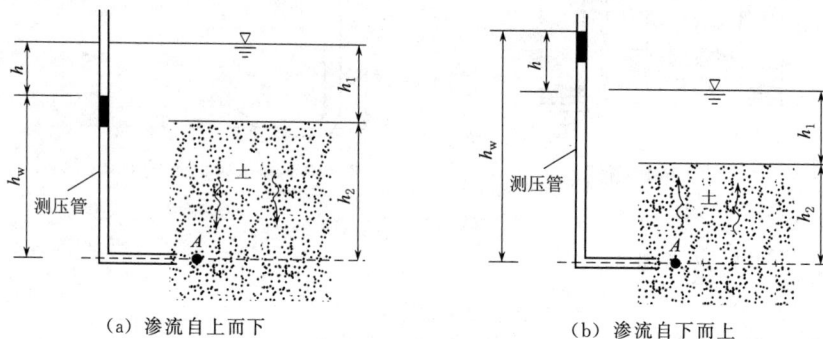

（a）渗流自上而下   （b）渗流自下而上

图 3-40　渗流条件下的有效应力

A 点的竖向总应力保持不变，仍为

$$\sigma = \gamma_w h_1 + \gamma_{sat} h_2$$

A 点的测压管水头为 h_w，渗流从下向上发生后产生了能量损失，孔隙水压力因渗流产生的水头损失 h，则 A 点的孔隙水压力 u：

$$u = \gamma_w h_w = \gamma_w(h_1 + h_2 + h)$$

同样，根据有效应力原理，可得 A 点的有效应力：

$$\sigma' = \sigma - u = \gamma' h_2 - \gamma_w h \tag{3-42}$$

与静水情况相比，当发生从下而上的渗流时，A 点的总应力仍保持不变，孔隙水

压力增加了 $\gamma_w h$，而有效应力却相应减少 $\gamma_w h$。说明在总应力不变的条件下，孔隙水压力的增加等于有效应力的减少。

现针对上述三种情况，即静水条件下、渗流自上而下及渗流自下而上，计算出土中的总应力 σ、孔隙水压力 u 及有效应力 σ' 值，见表 3-2。便于同学们对比理解，做到融会贯通，课后还可以根据计算结果自己绘制出各应力的分布图形进行比较。

从表 3-2 的计算结果可以看出，**三种不同渗流情况时，土中的总应力 σ 的分布是相同的，土中水的渗流不影响总应力值**。水渗流时土中将产生动水压力，致使土中有效应力与孔隙水压力发生变化。当土中水自上向下渗流时，动水压力方向与土的重力方向一致，于是有效应力增加，而孔隙水压力相应减少；反之，土中水自下向上渗流时，会导致土中有效应力减少，孔隙水压力相应增加。以上分析也说明了**保持总应力不变，孔隙应力和有效应力可以相互转化。当孔隙应力转化为有效应力就能使土颗粒彼此挤紧，从而引起土体的压缩变形**。

表 3-2　　　　　存在渗流时总应力 σ、孔隙水压力 u 及有效应力 σ' 的计算

渗流情况	计算位置	总应力 σ	孔隙水压力 u	有效应力 σ'
图 3-39 静水条件	土层表面	$\gamma_w h_1$	$\gamma_w h_1$	0
	土层内部 A 点	$\gamma_w h_1 + \gamma_{sat} h_2$	$\gamma_w (h_1 + h_2)$	$\gamma' h_2$
图 3-40（a）渗流自上向下	土层表面	$\gamma_w h_1$	$\gamma_w h_1$	0
	土层内部 A 点	$\gamma_w h_1 + \gamma_{sat} h_2$	$\gamma_w (h_1 + h_2 - h)$	$\gamma' h_2 + \gamma_w h$
图 3-40（b）渗流自下向上	土层表面	$\gamma_w h_1$	$\gamma_w h_1$	0
	土层内部 A 点	$\gamma_w h_1 + \gamma_{sat} h_2$	$\gamma_w (h_1 + h_2 + h)$	$\gamma' h_2 - \gamma_w h$

四、饱和土压缩（固结）过程

通过以上学习，我们知道土的有效应力引起土体的压缩变形。

土在自重应力作用下，孔隙中的水压力为静水压力。**当有附加应力作用时，孔隙水压力和粒间的有效应力发生转化**。在加载瞬间，超孔隙水压力等于附加应力；随着加载时间的延长，孔隙水压力逐渐下降，而有效应力逐渐增加，当超孔隙水压力降为零时，渗透排水停止，在这个附加应力作用下固结完成，附加应力全部转换为土颗粒间的有效应力。

这节课就讲到这里，感谢大家的聆听。

第4章 土的压缩性及地基沉降计算

第4-1讲 土的压缩性

同学们，大家好，欢迎来到土力学慕课课堂！

从今天开始，我们来学习土的压缩性及地基的沉降计算。通过本章学习，同学们要在理解土的压缩性及压缩试验的基础上，掌握土的压缩性指标，能够运用分层总和法和规范法计算地基的最终沉降量。

我们知道，建筑物的自身重量及其所受的外部荷载通过基础传递给地基，就会在地基中产生附加应力，引起地基的压缩变形。地基所产生的变形包括竖向变形和侧向变形，向下的竖向变形亦称为沉降。沉降可分为**均匀沉降**和**不均匀沉降**，无论哪一种沉降，都有可能对建筑物产生危害，轻者影响其正常使用，重者导致建筑物毁坏。如水利工程中常用的各类水闸，若其两侧闸墩产生不均匀沉降，将会引起闸门启闭困难，影响正常引水泄洪；挡水坝体，如果坝基沉降太大，将不能维持需要的水位而影响使用。

当受到附加应力时，地基的变形是不可避免的，同时也是允许的，但要在允许的范围内。我们研究地基土的压缩性，目的是预知拟建建筑物建成后将产生的沉降量、沉降差、倾斜和局部倾斜，判断地基变形是否超出允许的范围。**若在设计阶段计算出的压缩变形量 $s \leqslant [s]$（规范允许的变形值），则满足设计要求；若计算出的变形量 $s > [s]$，则不满足设计要求，需要在建筑物设计时，采取相应的工程措施以保证建筑物的安全。**

首先我们从认识地基土所具有的压缩性能开始。

一、土的压缩性

土的三相性及碎散性决定了土体受力后容易产生变形，其中压缩变形一般占主要部分。**土的压缩性是土体在外荷载作用下体积变化的性质**，本章主要是指由正应力引起的体积缩小。土的压缩性是导致地基变形、建筑物沉降的根本原因。

我们知道土是三相组成的，即固相土颗粒、土中水和土中气共同构成。

土被压缩的原因可归纳为以下三种情况：①土固体颗粒本身被压缩；②土中孔隙水和气体被压缩；③土中水和气体被排出后，孔隙体积被压缩。

研究表明，土的固体颗粒和孔隙水体本身的压缩量是很微小的，在一般工程压力（100~600kPa）作用下，其压缩量不到土体总压缩量的 1/400，完全可以忽略不计。**因此，土体压缩主要是在外力作用下，水和气体排出后引起的孔隙体积的缩小，这是地基沉降的主要原因**，归结为内因。

引起地基产生压缩变形的外因是外荷载作用在地基中产生的附加应力，这部分内容我们在前一章节已经进行了全面的学习。

与土的压缩性关系密切的另一个概念是土的固结。**土的固结是指土在压力作用下，压缩量随时间增长的过程。**

由于孔隙水和气体的向外排出要有一个时间过程，因此土的固结需要经过一段时间才能完成。对于饱和土来说，土的固结实际上就是孔隙水逐渐向外排出，孔隙体积减小的过程。显然，对于饱和砂土，由于透水性强，在压力作用下，孔隙中的水易于向外排出，固结很快就能完成，一般情况下可以认为砂性土在施工结束时压缩基本就能完成；而对于饱和黏土，尤其是饱和软黏土，我们知道其透水性很弱，孔隙中的水不能迅速排出，因而固结需要很长的时间，常常需要几年甚至几十年时间才能固结完成，达到压缩稳定。

二、侧限压缩试验

侧限压缩试验也称为固结试验，所使用的仪器是压缩仪，又称为固结仪，其压缩容器如图 4 - 1 所示，由刚性护环、透水石、环刀和传压盖板等组成。**由于环刀和刚性护环限制土样的侧向变形，使得土样在竖向压力作用下只能发生竖向变形，而无侧向变形，所以称为侧限压缩试验。**

试验时，用环刀切取厚度为 2cm 的圆柱形试样，连同环刀置于刚性护环中，试样上下放透水石，以便土样受压时土中孔隙水的排出。当测试饱和土样时，应在水槽内充水超过试样顶部。压缩过程中，由加压框架通过传压盖板逐级向土样施加荷载，一般为 50kPa、100kPa、200kPa、400kPa 等不少于 4 级荷载，在每级荷载作用下使土样达到稳定，并通过百分表测量其竖向变形量，据此计算相应的孔隙比。详细的试验操作步骤可参阅《土工试验方法标准》（GB/T 50123—2019）中有关固结试验的部分。

图 4 - 2 为土样侧限压缩变形示意图。设土样初始高度为 H_0，受压变形后的高度为 H，土样变形量为 ΔH，则 $H = H_0 - \Delta H$。

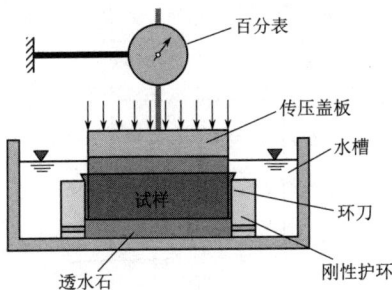

图 4 - 1　压缩仪压缩容器示意图

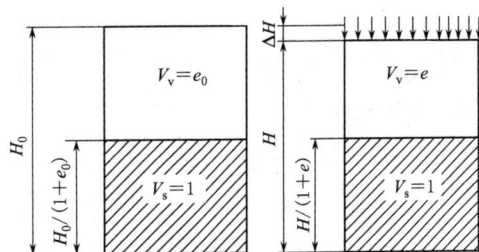

图 4 - 2　土样侧限压缩变形示意图

由于试验过程中土粒体积 V_s 不变，设 $V_s = 1$。

若土样受压前初始孔隙比为 e_0，受压后孔隙比减小为 e。

根据孔隙比定义 $e=V_v/V_s$，则试样的初始体积 $V_0=V_s+V_v=1+e_0$，某一压力作用下变形稳定后的体积 $V=V_s+V_v=1+e$。

同时，**在侧限压缩条件下土样的横截面积 A 不变**，则有关系式：

$$\frac{H_0}{1+e_0}=\frac{H}{1+e}$$

又因为

$$H=H_0-\Delta H$$

即

$$\frac{H_0}{1+e_0}=\frac{H_0-\Delta H}{1+e}$$

进行变形后如下：

$$\frac{\Delta H}{H_0}=\frac{e_0-e}{1+e_0} \tag{4-1}$$

进一步推求出

$$e=e_0-\frac{\Delta H}{H_0}(1+e_0) \tag{4-2}$$

初始孔隙比 e_0 可以由实验室直接测定的土的密度 ρ、含水率 ω 和土粒比重 G_s，根据土三相指标间的换算关系 $e_0=\dfrac{G_s(1+w)\rho_w}{\rho}-1$ 求得。

这样在每级荷载作用下土样达到压缩稳定时，将百分表测出的竖向变形 ΔH，土样的初始高度 H_0 及初始孔隙比 e_0 代入公式即可计算出每级荷载作用下土样达到压缩稳定时的孔隙比 e。

由于土的压缩可以认为是由孔隙体积的减小引起的，所以土的压缩变形常用孔隙比的减小来反映。根据土的孔隙比 e 与所加荷载 p 的关系，绘制出土的压缩曲线，e-p 曲线，如图 4-3 所示。

压缩曲线反映了土受压后的压缩特性，压缩性不同的土，压缩曲线的形状不同，曲线愈陡，说明在相同压力增量作用下，土的孔隙比减少得愈显著，土的压缩性愈高；相反如果压缩曲线愈缓，则土的压缩性愈低，如图 4-4 所示。

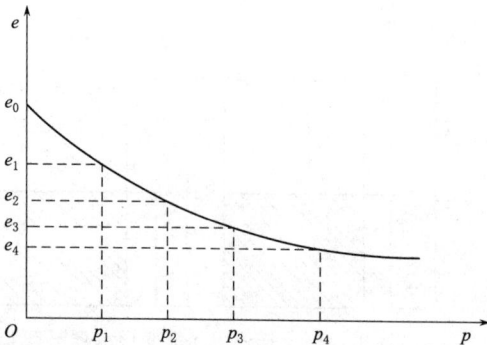

图 4-3　压缩试验的 e-p 曲线

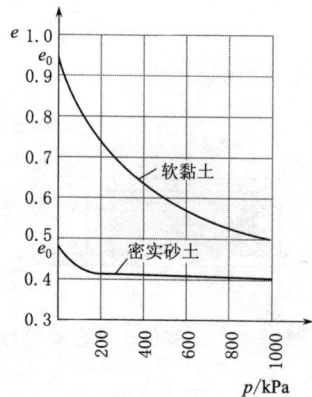

图 4-4　不同土的压缩曲线

我们在实验室通过侧限压缩试验得出土的 e-p 曲线后，在设计过程中可以根据地基土受压前后的孔隙比变化计算出土体的沉降量，公式如下：

$$\Delta H = \frac{e_0 - e}{1 + e_0} H_0 \qquad (4-3)$$

同学们，这节课就讲到这里，感谢大家的聆听。

第 4-2 讲　土 的 压 缩 性 指 标

同学们，大家好，欢迎来到土力学慕课课堂！上一讲我们学习了土的压缩试验，本讲我们根据压缩试验的结果来学习土的压缩性指标。

一、土的压缩性指标介绍

1. 土的压缩系数 a

土体在侧限条件下孔隙比的减少量与有效应力增量的比值称为**土的压缩系数**，用 a 表示：

$$a = \frac{e_1 - e_2}{p_2 - p_1} = \frac{\Delta e}{\Delta p} \qquad (4-4)$$

式中　e_1、e_2——压缩曲线上 p_1、p_2 所对应的孔隙比。

根据定义可以得知压缩系数 a 为 e-p 曲线某范围的割线斜率，其单位为 KPa^{-1} 或 MPa^{-1}。

如图 4-5 所示，随着荷载 p 的逐渐增加，对应的割线斜率越来越小，这说明土的压缩系数不是一个常数，与应力 p 有关，随着 p 的增加而减小。

工程中为了使用方便，通常用压力从 100kPa 增加到 200kPa 对应的压缩系数 a_{1-2} 对土的压缩性进行评判。

压缩系数 a_{1-2} 越大，土的压缩性越大；相反，压缩系数 a_{1-2} 越小，土的压缩性就越小。

当 $a_{1-2} < 0.1\text{MPa}^{-1}$ 时，属于低压缩性土。

当 $0.1\text{MPa}^{-1} \leqslant a_{1-2} < 0.5\text{MPa}^{-1}$ 时，属于中等压缩性土。

当 $a_{1-2} \geqslant 0.5\text{MPa}^{-1}$ 时，属于高压缩性土。

根据压缩系数 a_{1-2} 对土的压缩性进行分类，如图 4-6 所示。

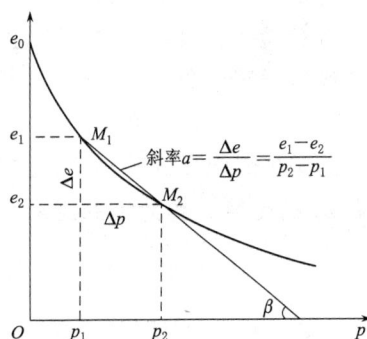

图 4-5　土的压缩系数

2. 土的压缩指数 C_c

土体侧限压缩试验的结果，也可绘制在半对数坐标上，若横坐标 p 用对数坐标，纵坐标仍用普通几何平分坐标表示，则可绘出压缩试验的 e-$\lg p$ 曲线，如图 4-7 所示。绘制 e-$\lg p$ 曲线要求压力级数较多，且最大压力一般不小于 1600kPa，以使 e-$\lg p$ 曲线下段出现较长的直线段。

我们把 e-$\lg p$ 曲线上直线段的斜率称为土的压缩指数，用 C_c 来表示，具体如下：

$$C_c = \frac{e_1 - e_2}{\lg p_2 - \lg p_1} = \frac{\Delta e}{\lg(p_2/p_1)}$$ （4-5）

式中　e_1、e_2——压缩曲线上 p_1、p_2 所对应的孔隙比。

从以上 C_c 的表达式可以看出，压缩指数 C_c 无量纲。

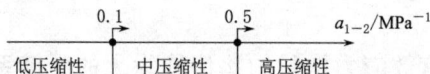

图 4-6　压缩系数 a_{1-2} 对土的压缩性进行分类　　　　图 4-7　压缩试验的 e-$\lg p$ 曲线

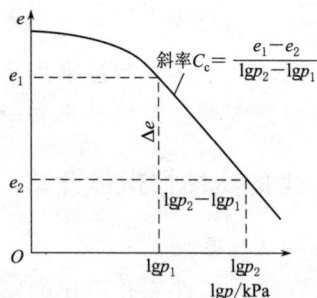

压缩指数 C_c 与压缩系数 a 的不同在于：a 为变量，而压缩指数 C_c 是 e-$\lg p$ 曲线上直线段的斜率，所以它是个常数，不随压力的变化而变化，用起来较为方便，国内外广泛采用 e-$\lg p$ 曲线来分析应力历史对土的压缩性的影响。

压缩指数 C_c 也是反映土的压缩性高低的一个指标。C_c 值越大，压缩曲线就越陡，土的压缩性亦越高；反之，C_c 值越小，压缩曲线越平缓，则土的压缩性就越低。

当 $C_c < 0.2$ 时，为低压缩性土。

当 $0.2 \leqslant C_c \leqslant 0.4$ 时，为中压缩性土。

当 $C_c > 0.4$ 时，为高压缩性土。

根据压缩指数 C_c 对土的压缩性进行分类，如图 4-8 所示。

3. 土的压缩模量 E_s

土体在侧限压缩条件下，竖向压应力的增量 Δp（从 p_1 增至 p_2）与对应的竖向应变 ε_z 的比值，称为土的压缩模量 E_s，则

$$E_s = \frac{\Delta p}{\varepsilon_z} = \frac{\Delta p}{\Delta H / H_1}$$ （4-6）

式中　E_s——压缩模量，MPa。

根据土体的侧限压缩试验 [式（4-1）]，可以得知存在如下关系：

$$\frac{\Delta H}{H_1} = \frac{e_1 - e_2}{1 + e_1} = \frac{\Delta e}{1 + e_1}$$

则土的压缩模量 E_s 与压缩系数 a 的关系如下：

$$E_s = \frac{\Delta p}{\Delta e/(1 + e_1)} = \frac{1 + e_1}{a}$$ （4-7）

可见，**土的压缩模量 E_s 与压缩系数 a 成反比，E_s 越大，a 越小。** 压缩系数是一个变量，同样压缩模量也是一个变量，随着应力 p 的变化而变化。因此，也可用 p_1 ＝100kPa 增至 p_2 ＝200kPa 范围内的压缩模量 E_s 值来评价土体的压缩性。

当 E_s ＜4MPa 时，为高压缩性土。

当 4MPa ≤ E_s ≤15MPa 时，为中压缩性土。

当 E_s ＞15MPa 时，为低压缩性土。

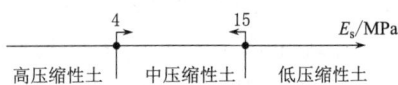

根据压缩模量 E_s 对土的压缩性进行分类，如图 4 - 9 所示。

压缩系数反映土的压缩性大小，而压缩模量反映土体的抗压缩性大小。 压缩模量越大，土的压缩性越低，说明其抗压缩性越高。工程实践中，我们希望作为建筑物地基的土层为压缩性低的土，即具有较低的压缩系数，也就是较高的压缩模量。

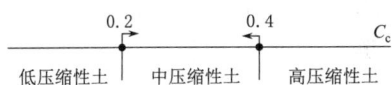

图 4 - 8　压缩指数 C_c 对土的压缩性　　　图 4 - 9　压缩模量 E_s 对土的
进行分类　　　　　　　　　　压缩性进行分类

二、土层侧限压缩变形量的计算

当土层承受竖向压应力增量（即附加应力）$\sigma_z = \Delta p = p_2 - p_1$，其竖向变形量 ΔH 计算有以下几种方法：

（1）根据压缩模量 E_s，计算压缩变形量 ΔH。根据压缩模量表达式，可推求出压缩变形量 ΔH 的表达式如下：

$$\Delta H = \frac{\Delta p}{E_s} H_1 = \frac{\sigma_z}{E_s} H_1 \tag{4-8}$$

（2）根据压缩系数 a，计算压缩变形量 ΔH。由于压缩模量 E_s 和压缩系数 a 之间的反比关系，所以可推求出 ΔH 的表达式如下：

$$\Delta H = \frac{a\sigma_z}{1 + e_1} H_1 \tag{4-9}$$

（3）根据压缩试验 e - p 曲线，计算压缩变形量 ΔH。已知压缩试验 e - p 曲线，可以从 e - p 曲线上查取荷载从 p_1 增加至 p_2 所对应的孔隙比 e_1 和 e_2，则根据式（4-1）可得 ΔH 的表达式如下：

$$\Delta H = \frac{e_1 - e_2}{1 + e_1} H_1 \tag{4-10}$$

值得注意的是，由于土的压缩模量 E_s 与土的压缩系数 a 随所受起始应力和应力增量的变化而变化，因此，在运用到沉降计算中时，比较合理的做法是根据实际竖向应力的大小在压缩曲线上取相应的孔隙比计算压缩性指标，即其取值应与土层所受的实际压应力 p_1 和 p_2 的变化范围相对应。

同学们，请大家课后多去熟悉各知识点，这节课就讲到这里，感谢大家的聆听。

第 4-3 讲　天然土层的应力历史

同学们，大家好，欢迎来到土力学慕课课堂！今天我们来学习土层的应力历史。

一、回弹、再压缩曲线

常规的压缩曲线是在试验中持续分级施加荷载获得的结果，如果试样在侧限压缩过程中，从 a 点开始分级施加荷载压缩至 b 点后，就开始分级卸去荷载，如图 4-10 所示，测得各卸载等级下土样回弹稳定后土样高度，进行换算得到相应的孔隙比，即可绘制出卸载阶段的关系曲线，如曲线 bc，称为**回弹曲线**。卸载时的回弹曲线与初始加载曲线 ab 不重合，荷载卸除至 0 时，土样的孔隙比也没有恢复到初始孔隙比 e_0，而是回弹至 c 点。这说明土体不是完全弹性体，是由可恢复的弹性变形和不可恢复的塑性变形两部分组成，回弹量远小于当初的压缩量。

如若重新逐级加压让试样再压缩，则可测得土样在各级荷载作用下再压缩稳定后的孔隙比，相应地可绘制出再压缩曲线，如曲线 cdf，称为

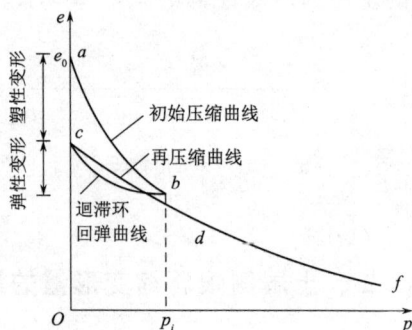

图 4-10　土的回弹、再压缩曲线

再压缩曲线。可以发现：当压力超过 b 点对应的压力时，再压缩曲线就趋于初始压缩曲线 ab 的延长线；但再压缩时在压力小于 b 点曾经达到过的最大压应力之前，土样的模量大、变形小，表明土在侧限条件下经过一次加载卸载后，在该应力范围内再压缩的压缩性要比初次加载时的压缩性小许多。由此可见，应力历史对土的压缩性有显著的影响。

二、天然土层的应力历史

1. 超固结比（OCR）

土层在历史上所承受过的最大有效固结压力，称为**先期固结压力** p_c。p_c 与 p_0 的比值称为**超固结比**，用 OCR 表示，即

$$OCR = \frac{p_c}{p_0} \tag{4-11}$$

式中　p_0——土层目前的自重应力。

根据先期固结压力 p_c 与土层目前自重应力 p_0 的相对关系，将天然固结状态的土层划分为三类：正常固结土、超固结土和欠固结土。

（1）正常固结土（OCR＝1）。正常固结土是指土层目前所受上覆土层的自重应力，等于在历史上曾经受过的最大固结压力，并已达到固结完成。

如图 4 - 11 (a) 所示，大多数建筑场地土层属于这类正常固结状态的土。

(2) 超固结土 ($OCR > 1$)。超固结土状态指土层在历史上曾经受到过的固结压力大于目前现有的覆盖土的自重应力。上覆压力由先期固结压力 p_c 减小至目前的自重应力 p_0，是因为各种原因，如水流冲刷及人类活动等搬运走相当厚的沉积物，将历史最高地面降至目前地面，如图 4 - 11 (b) 所示。

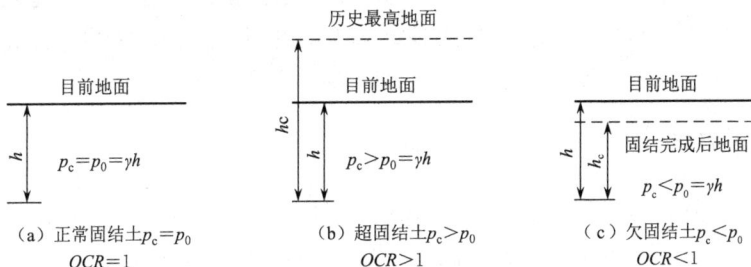

图 4 - 11　土的固结状态

(a) 正常固结土 $p_c = p_0$　　(b) 超固结土 $p_c > p_0$　　(c) 欠固结土 $p_c < p_0$
　　　$OCR = 1$　　　　　　　　　$OCR > 1$　　　　　　　　$OCR < 1$

(3) 欠固结土 ($OCR < 1$)。欠固结土状态指土层在目前的自重应力作用下，还没有完成固结，还在继续压缩中，土层实际固结压力小于土层自重应力。通常人工填土属于欠固结状态的土，将来固结完成后的地面，低于目前的地面，如图 4 - 11 (c) 所示。

根据土的回弹再压缩试验曲线，我们知道应力历史对土的压缩性有显著的影响。因此，不同固结状态下的土压缩性并不相同，若在不同固结状态下的土层上建造建筑物，其沉降量是不相同的。

2. 先期固结压力 p_c 的确定

为了判断地基土的固结状态，以及推求现场原始压缩曲线，需要确定土的先期固结压力 p_c。目前常用的方法是卡萨格兰德（A. Casagrande）经验图解法，如图 4 - 12 所示，具体步骤如下：①首先在 $e - \lg p$ 曲线上，找出曲率半径最小的点 A；②过 A 点作水平线 $A1$ 和切线 $A2$；③作 $A1$、$A2$ 的角分线 $A3$；④$A3$ 与试验曲线的直线段反向延长线相交于点 B；⑤B 点对应的横坐标即为先期固结压力 p_c。

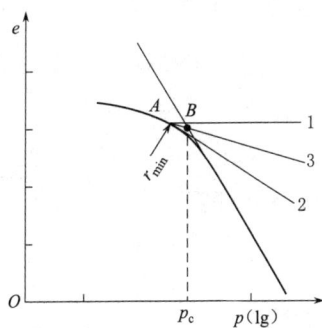

图 4 - 12　卡萨格兰德经验图解法（1936 年）

应该指出的是，由于作图的人为因素，试验过程对试样的扰动以及纵坐标选用不同的坐标比例，都会影响先期固结压力的准确性。因此，先期固结压力的确定，还需结合土层形成的历史资料，根据工程经验进行修正，获得现场原始压缩曲线，进行考虑应力历史影响的地基沉降量计算，使沉降计算的结果更为合理。

这节课就讲到这里，感谢大家的聆听。

第 4 - 4 讲　地基最终沉降量计算——分层总和法

同学们，大家好，欢迎来到土力学慕课课堂！今天我们利用土的压缩性指标，进行地基最终沉降量的计算。

地基最终沉降量指地基土在建筑物等其他荷载作用下，达到压缩稳定时地基表面（基础底面）的沉降量。计算方法有两种，即分层总和法、规范法，首先我们来学习分层总和法。

一、计算原理

先将地基土分为若干土层，各土层厚度分别为 h_1、h_2、h_3、$\cdots$、h_n，计算每层土的压缩量 s_1、s_2、s_3、$\cdots$、s_n，累计起来，即为总的地基沉降量 s。

$$s = s_1 + s_2 + \cdots + s_n = \sum_{i=1}^{n} s_i \tag{4-12}$$

二、基本假设

分层总和法的基本假设如下：

（1）在压力作用下，假设地基土不产生侧向变形，可采用侧限压缩试验条件下的压缩性指标。

（2）压缩层以下的土层沉降量忽略不计。

（3）基础中心点下的附加应力最大，按中心点下土柱所受附加应力计算，以基底中点的沉降代表基础的平均沉降，当计算基础倾斜时，以倾斜方向基础两端点下的附加应力进行计算。

三、计算方法

下面由压缩试验的变形量 ΔH 延伸到地基的沉降量 s_i 计算。

1. 已知压缩模量 E_s

如果压缩模量 E_s 已知，对于分层厚度为 h_i 的土层，根据式（4-8），其沉降量 s_i 按下式计算：

$$s_i = \frac{\overline{\sigma_{zi}}}{E_{si}} h_i \tag{4-13}$$

式中　h_i——第 i 层土的厚度，m；

E_{si}——第 i 层土的侧限压缩模量，MPa；

$\overline{\sigma_{zi}}$——第 i 层土的平均附加应力，kPa。

2. 已知压缩系数 a

如果压缩系数 a 已知，对于分层厚度为 h_i 的土层，根据式（4-9），其沉降量 s_i

按下式计算：

$$s_i = \frac{a_i \overline{\sigma_{zi}}}{1 + e_{1i}} h_i \tag{4-14}$$

式中　a_i——第 i 层土的压缩系数，MPa^{-1}；

　　　e_{1i}——第 i 层土在平均自重应力 $\overline{\sigma_{ci}}$ 作用下对应的孔隙比。

3. 已知压缩试验 $e-p$ 曲线

当压缩试验的 $e-p$ 曲线已知时，对于分层厚度为 h_i 的土层，根据式（4-10），其沉降量 s_i 可按下式进行计算：

$$s_i = \frac{e_{1i} - e_{2i}}{1 + e_{1i}} h_i \tag{4-15}$$

式中　e_{1i}——第 i 层土在平均自重应力 $\overline{\sigma_{ci}}$ 作用下对应的孔隙比；

　　　e_{2i}——第 i 层土在平均自重应力与平均附加应力 $(\overline{\sigma_{ci}} + \overline{\sigma_{zi}})$ 作用下对应的孔隙比。

其中，第 i 层土的平均自重应力 $\overline{\sigma_{ci}}$ 为本层土顶面自重应力 $(\sigma_{ci})_顶$ 和底面自重应力 $(\sigma_{ci})_底$ 的平均值，即

$$\overline{\sigma_{ci}} = \frac{(\sigma_{ci})_顶 + (\sigma_{ci})_底}{2}$$

第 i 层土的平均附加应力 $\overline{\sigma_{zi}}$ 为基础中心线下本层土顶面附加应力 $(\sigma_{zi})_顶$ 与底面附加应力 $(\sigma_{zi})_底$ 的平均值，即

$$\overline{\sigma_{zi}} = \frac{(\sigma_{zi})_顶 + (\sigma_{zi})_底}{2}$$

四、计算步骤

（1）按比例绘制地基及基础的剖面图，如图 4-13 所示，根据建筑物基础尺寸、荷载和地基土的天然分层情况进行绘制。

（2）地基土分层。其**分层原则**为：①不同的土层要分开，因为不同土层的压缩性质不同；②地下水位处要分开，因为水面上下土的有效重度不同；③分层厚度一般不超过基础宽度的 0.4 倍，即 $h \leqslant 0.4b$，b 为基底的宽度，且每一分层内的附加应力分布接近直线，通常靠近基底处应薄些，远离基底处可厚些。

（3）计算基础底面处的基底压力 p 和基础底面处的附加应力 p_0。

（4）计算各分层界面处的自重应力 σ_{ci}（**从原地面算起**），并在基础轴线的左侧绘制自重应力沿深度的分布线。

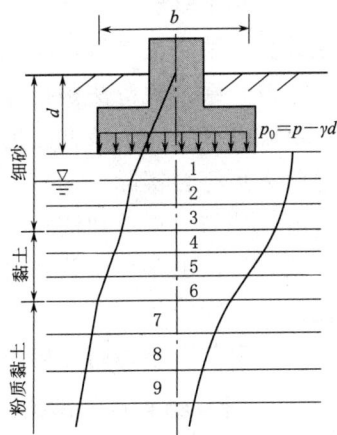

图 4-13　地基及基础的剖面图

（5）计算各分层界面处中心点下的附加应力 σ_{zi}，并在基础轴线的右侧绘制附加应力沿深度的分布线，此时需注意，附加应力应**从基础底面算起**。

（6）确定地基沉降计算的深度 z_n。基础底面以下某一深度 z_n 的取值应满足以下关系：①**一般土：取至地基的附加应力不大于自重应力的 20% 处，即 $\sigma_z \leqslant 0.2\sigma_c$；**②**地基土为软土或高压缩性土：向下计算至 $\sigma_z \leqslant 0.1\sigma_c$。**

（7）计算各分层土的压缩量 s_i。根据所给出的土的压缩性指标 E_s、a 或 $e-p$ 曲线的不同，可选取式（4-13）～式（4-15）计算各分层土的压缩量 s_i。

（8）计算地基最终沉降量 s。将地基压缩层 z_n 范围内各土层压缩量相加，即得地基最终沉降量 s，计算如下：

$$s = s_1 + s_2 + \cdots + s_n = \sum_{i=1}^{n} s_i$$

这节课就讲到这里，请同学们课后认真查看案例解析的题目，感谢大家的聆听。

第 4-5 讲　地基最终沉降量计算——规范法

同学们，大家好，欢迎来到土力学慕课课堂！

上节课我们学习了分层总和法计算地基的最终沉降量，今天我们在上一讲的基础上，学习**规范法**计算地基最终沉降量。

在设计阶段使用分层总和法计算的地基沉降量与建筑物建好后实际观测的沉降量是否相符？工程实践证明：

（1）对于**中等压缩性**地基，使用分层总和法计算的地基沉降量与建筑物建好后的实测沉降量相近，即 $s_{实} \approx s_{计}$；

（2）对于**坚实地基土**，其本身压缩性低，建筑物建好后的实测沉降量小于使用分层总和法计算的地基沉降量，即 $s_{实} < s_{计}$；

（3）对于**软弱地基土**，其压缩性高，建筑物建好后的实测沉降量大于使用分层总和法计算的地基沉降量，即 $s_{实} > s_{计}$。

本节介绍的规范法是指《建筑地基基础设计规范》（GB 50007—2011）中推荐使用的沉降计算方法，该方法仍然采用分层总和法，并在此基础上进行了修正改进，使计算结果更符合实际。

规范法与分层总和法相比**具有以下特点**：

（1）虽然也是分层总和法，但是按地基土的天然分层面进行分层，计算起来更加便捷。

（2）**引入了平均附加应力系数 $\overline{\alpha}_i$** 计算基底至地基中某一深度范围内的平均附加应力 $\overline{\sigma_{zi}}$，计算结果更加准确。

（3）**引入了沉降计算的经验系数 ψ_s** 对分层总和法的计算结果进行修正。由于分层总和法的计算结果与实际观测值不完全相符，将大量的建筑物沉降观测值与分层总和法计算值进行对比，总结后得到沉降计算的经验系数 ψ_s，用以校正计算值与实测值的偏差，计算沉降量更接近实际。

（4）**重新规定了沉降计算的深度 z_n**，用实际变形量作为其终止计算的条件，计算方法更加合理。

规范法继续沿用分层总和法的假设前提，即假设地基土不产生侧向变形，继续使用侧限压缩试验条件下的压缩性指标；压缩层以下的土层沉降量忽略不计，但是对沉降计算的压缩层深度 z_n 进行了重新规定。

接下来我们开始学习规范法计算地基沉降量。

前面我们在分层总和法中学习了计算各分层土压缩量的三个计算公式，当第 i 层土的压缩模量 E_{si} 已知时，该土层的压缩量计算如下：

$$s_i = \frac{\overline{\sigma_{zi}}}{E_{si}} h_i$$

一、引入平均附加应力系数 $\overline{\alpha_i}$

基底以下 z_i 深度内的平均附加应力 $\overline{\sigma_{zi}}$ 为

$$\overline{\sigma_{zi}} = \overline{\alpha_i} p_0$$

则 z_i 深度内土层的压缩量计算如下：

$$S'_i = \frac{\overline{\alpha_i} p_0}{E_{si}} z_i$$

同理，从基底向下 z_{i-1} 深度内的平均附加应力 $\overline{\sigma_{zi-1}}$ 为

$$\overline{\sigma_{zi-1}} = \overline{\alpha_{i-1}} p_0$$

z_{i-1} 深度内土层的压缩量计算如下：

$$S'_{i-1} = \frac{\overline{\alpha_{i-1}} p_0}{E_{si-1}} z_{i-1}$$

式中　$\overline{\alpha_i} p_0 z_i$——$z_i$ 深度内土层的附加应力面积 A_{1256}，如图 4-14 所示；

$\overline{\alpha_{i-1}} p_0 z_{i-1}$——$z_{i-1}$ 深度内土层的附加应力面积 A_{1234}。

两者相减 $(\overline{\alpha_i} p_0 z_i - \overline{\alpha_{i-1}} p_0 z_{i-1})$ 为第 i 土层附加应力面积，用 A_{3456} 表示。

现作一假设：**假设**基底以下 z_{i-1} 深度内和 z_i 深度内地基土的压缩模量相等，用 E_{si} 表示，则 $z_{i-1} \sim z_i$ 厚度的第 i 土层的压缩量 s'_i 计算如下：

$$s'_i = \frac{p_0}{E_{si}} (\overline{\alpha_i} z_i - \overline{\alpha_{i-1}} z_{i-1}) \qquad (4-16)$$

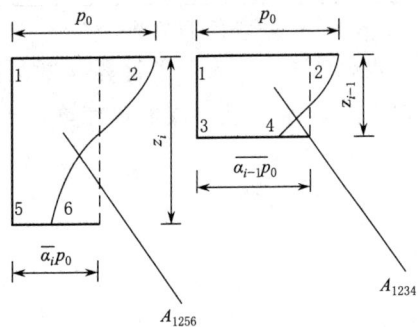

图 4-14　土层的平均附加应力面积示意图

地基压缩层内各土层的压缩量 s'_i 相加，即得总沉降量 s'：

$$s' = \sum s'_i = \sum_{i=1}^{n} \frac{p_0}{E_{si}} (\overline{\alpha_i z_i} - \overline{\alpha_{i-1} z_{i-1}})$$ (4-17)

式中　s'——计算深度范围内地基土在修正之前的沉降量，mm；

　　　n——计算深度范围内所划分的土层数，可以按**天然土层**划分；

　　　p_0——为基础底面的附加应力，kPa；

　　　E_{si}——基础底面以下第 i 层的压缩模量，按实际应力范围取值，MPa；

$\overline{\alpha_i}$、$\overline{\alpha_{i-1}}$——基础底面至第 i 层土、第 $i-1$ 层土底面范围内的平均附加应力系数，可参考相关土力学教材查表获取。

查表时，同学们需要注意，对于**矩形基础**，查出的仍然是**角点**下的平均附加应力系数，分为矩形基础均布荷载和矩形基础三角形分布荷载，均与 l/b 和 z/b 有关。同学们可以结合之前地基附加应力章节学习的附加应力系数 α 进行理解，并找出这两个系数之间的区别。

二、引入地基沉降计算的经验系数 ψ_s

计算修正后的最终沉降量 s，计算公式如下：

$$s = \psi_s s' = \psi_s \sum_{i=1}^{n} \frac{p_0}{E_{si}} (\overline{\alpha_i z_i} - \overline{\alpha_{i-1} z_{i-1}})$$ (4-18)

式中　ψ_s——沉降计算经验系数，与基底附加应力 p_0 和变形计算深度范围内土层的压缩模量的当量值有关，根据地区的变形观测资料及经验取值，当无资料时，可按表 4-1 进行取值。

表 4-1　　　　　　　　　　　沉降计算经验系数 ψ_s

基底附加压力	$\overline{E_s}$/MPa				
	2.5	4.0	7.0	15.0	20.0
$p_0 \geqslant f_{ak}$	1.4	1.3	1.0	0.4	0.2
$p_0 \leqslant 0.75 f_{ak}$	1.1	1.0	0.7	0.4	0.2

注　f_{ak} 为地基土的承载力特征值，kPa。

表格中的 $\overline{E_s}$ 为变形计算深度范围内压缩模量的当量值，相当于压缩层范围内的加权平均压缩模量，按下式计算：

$$\overline{E_s} = \frac{\sum A_i}{\sum \dfrac{A_i}{E_{si}}} = \frac{\sum p_0 (\overline{\alpha_i z_i} - \overline{\alpha_{i-1} z_{i-1}})}{\sum \dfrac{p_0 (\overline{\alpha_i z_i} - \overline{\alpha_{i-1} z_{i-1}})}{E_{si}}}$$

$$= \frac{\sum (\overline{\alpha_i z_i} - \overline{\alpha_{i-1} z_{i-1}})}{\sum \dfrac{\overline{\alpha_i z_i} - \overline{\alpha_{i-1} z_{i-1}}}{E_{si}}}$$ (4-19)

分母是分子对应的应力面积产生的沉降，两者必须相一致。

三、沉降计算深度 z_n 的确定

同学们还记不记得，我们学习分层总和法的时候是用**应力**控制压缩层的计算深度，随着深度的增加，自重应力逐渐增大，而附加应力越来越小，对于一般压缩性土，当附加应力小于等于自重应力的 20%，即 $\sigma_z \leqslant 0.2\sigma_c$ 时，即可终止向下计算。

而规范法是用**变形**来控制压缩层的计算深度 z_n，更符合工程实际，如图 4 – 15 所示。压缩层的计算深度需满足下式：

$$\Delta s_n{}' \leqslant 0.025 \sum_{i=1}^{n} s_i{}' \qquad (4-20)$$

式中　$s_i{}'$——在计算深度范围内，第 i 层土的计算沉降量，mm；

$\sum\limits_{i=1}^{n} s_i{}'$——在计算深度范围内，修正之前的地基土沉降量，mm；

$\Delta s_n{}'$——在计算深度 z_n 处向上取厚度为 Δz 的土层，Δz 土层的计算沉降量，mm。

Δz 按表 4 – 2 进行取值。

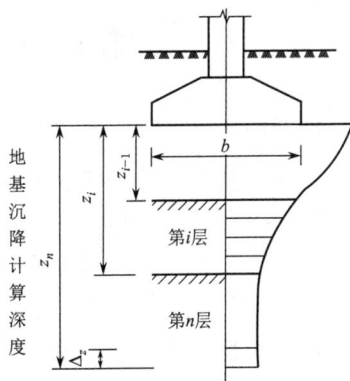

图 4 – 15　沉降计算深度 z_n 的确定

表 4 – 2　　　　　　　　　　　　Δz　取　值　表

b/m	$\leqslant 2$	$2 < b \leqslant 4$	$4 < b \leqslant 8$	> 8
$\Delta z/\mathrm{m}$	0.3	0.6	0.8	1.0

注　b 为基础的宽度。

当拟建建筑物周围无相邻荷载影响，且基础宽度在 1～30m 范围内，基础中点的地基沉降计算深度可以按简化公式计算：

$$z_n = b(2.5 - 0.4\ln b) \qquad (4-21)$$

计算过程中要根据工程地质实际情况，当确定沉降计算深度下有软弱土层时，还应向下继续计算，直至软弱土层中所取规定厚度的计算沉降量也满足式（4 – 20）；如若计算深度范围内存在基岩，z_n 取至基岩表面即可。

分层总和法和规范法综合了之前学过的各种应力进行计算，是建筑物地基基础设计的重要内容，请大家在理解的基础上进行掌握。

这节课就讲到这里，感谢大家的聆听。

第 5 章 土 的 抗 剪 强 度

第 5-1 讲 土 的 抗 剪 强 度 理 论

同学们，大家好，欢迎来到土力学慕课课堂！

从今天开始，我们来学习土的抗剪强度，通过本章学习，同学们应掌握库仑定律和摩尔-库仑强度理论，土的极限平衡条件及其应用，理解测定土抗剪强度指标的直剪试验、三轴压缩试验等方法，能够根据不同固结和排水条件选用合适的抗剪强度指标。下面我们来展开讲解。

我们知道，在外部荷载作用下，土体中将产生剪应力和剪切变形，当土体由外力在滑动面上所产生的剪应力达到或超过土的抗剪强度时，土就会沿着剪应力作用方向产生相对滑动，该点便发生剪切破坏，工程实践和室内试验都证实了土是受到剪切而产生破坏，剪切破坏是土体强度破坏的重要特点。**因此，土的强度问题实质上就是土的抗剪强度问题。**

土的抗剪强度是指土体抵抗剪切破坏的极限能力，用 τ_f 表示，其数值等于剪切破坏时滑动面上的剪应力。在工程中遇到的土体滑坡，以及挡土墙墙后土体在自身重力或外荷载作用下连同挡土墙整体稳定性遭到破坏，均是由于边坡上的一部分土体相对另一部分土体发生了剪切破坏；地基土受到过大的荷载作用，也会出现部分土体沿着某一滑动面被挤出，建筑物下沉或者倾倒等，也是与土的强度破坏有关的工程问题。以上工程中常见的这些案例都与土的抗剪强度直接有关。

土的抗剪强度是土最重要的力学性质之一，土的强度指标及强度理论，是工程设计和验算的依据。在计算时，必须选用合适的抗剪强度指标，对土的强度估计过高，往往会造成工程事故；而估计过低，则会使建筑物设计偏于保守，不经济。因此，正确确定土的强度十分重要。

下面我们先来学习土的抗剪强度理论。

一、库仑定律

土体发生剪切破坏时，将沿着内部某一滑动面产生相对的滑动，此时滑动面上的剪应力等于土的抗剪强度。1776 年，法国著名的力学家、物理学家库仑（C. A. Coulomb）根据砂土的试验结果，将土的抗剪强度表达为剪切面上法向应力的线性函数，如图 5-1 所示。

即
$$\tau_f = \sigma \tan\varphi \tag{5-1}$$

后来库仑又根据黏性土的试验结果，提出更为普遍的抗剪强度表达式：

$$\tau_f = c + \sigma\tan\varphi \tag{5-2}$$

式中　τ_f——土的抗剪强度，kPa；

　　　σ——剪切面上的法向应力，kPa；

　　　φ——土的内摩擦角，($°$)；

　　　c——土的黏聚力，kPa。

如图 5-2 所示，绘制于直角坐标系中，是一条不过原点的直线，在纵轴上的截距为 c。

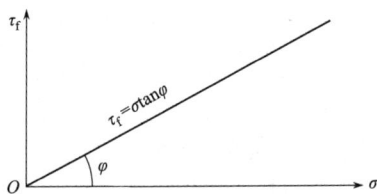

图 5-1　砂土的抗剪强度
与法向应力关系

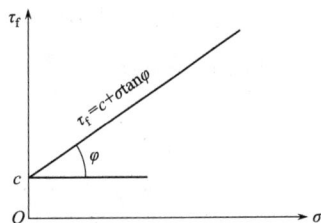

图 5-2　黏性土的抗剪强度
与法向应力关系

上述两式所表示的土的抗剪强度理论，均是由库仑根据试验时土的破坏现象和影响因素提出的，因此统称为**库仑定律**。式中的黏聚力 c 和内摩擦角 φ 是决定土抗剪强度的两个指标，称为土的**抗剪强度指标**。从上式可以看出，**土的抗剪强度不是一个常量，而是随着剪切面上法向应力 σ 的增加而增大的**。

土的抗剪强度一般可分为**两部分**：一部分与作用于剪切面上的法向应力 σ 成正比，表达为 $\sigma\tan\varphi$，称为**内摩擦力**，包括土粒之间的表面摩擦力和土粒之间所产生的咬合力，当土粒表面越粗糙，棱角越多，密实度越大时，内摩擦力也越大；另一部分是与法向应力无关的土颗粒之间的黏结力，称为**黏聚力 c**，无黏性土的抗剪强度仅取决于土颗粒间的摩擦力，其黏聚力 $c=0$，而黏性土的抗剪强度，除与土颗粒间的摩擦力有关外，还与土颗粒间的黏聚力 c 有关。

实践表明，土的抗剪强度不仅与土的种类和性状有关，还与试验时的排水条件、剪切速率、应力历史、应力路径等因素有关，**其中排水条件的影响尤为突出**。根据太沙基有效应力原理，饱和土体的抗剪强度取决于土的有效应力，因此，库仑公式改写为如下形式，即

$$\tau_f = \sigma'\tan\varphi' \tag{5-3}$$

$$\tau_f = c' + \sigma'\tan\varphi' \tag{5-4}$$

式中　σ'——剪切破坏面上的法向有效应力，kPa；

　　　c'——有效黏聚力，kPa；

　　　φ'——为有效内摩擦角，($°$)。

由此可知，用库仑定律描述土的抗剪强度有总应力表示方法，相应的黏聚力 c 和

内摩擦角 φ 称为总应力抗剪强度指标；另一种是有效应力表示方法，相应的有效黏聚力 c' 和为有效内摩擦角 φ' 称为有效应力抗剪强度指标。

二、摩尔-库仑强度理论

实践表明，库仑公式应用起来较为方便，在一般应力范围内，采用库仑公式确定土的强度也能够满足工程要求，但是当应力较高时，直线将会向下弯曲，如图 5-3 所示。

1910 年摩尔（Mohr）提出材料的破坏是剪切破坏，在采用应力圆表示一点应力状态的基础上，指出破坏面上的抗剪强度 τ_f 为该面上法向应力 σ 的函数，即

$$\tau_f = f(\sigma)$$

此函数绘制于直角坐标系中是一条曲线，该曲线称为**摩尔包线**。摩尔包线表示材料受到不同的应力作用达到极限状态时，滑动面上法向应力与剪应力的关系。土的摩尔包线通常可以近似地用直线表示，如图 5-3 中虚线所示，该直线方程

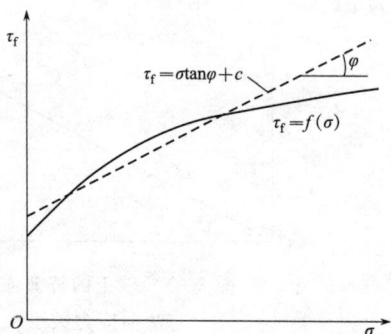

图 5-3　摩尔-库仑强度包线

就是库仑定律的方程。由库仑公式表示摩尔包线的土体强度理论称为摩尔-库仑强度理论。

三、判断一点的安全状态

根据材料力学知识可以计算出地基中过任意一点的平面上的正应力 σ 和剪应力 τ，将正应力 σ 代入库仑公式，即可求出在该正应力作用下产生的抗剪强度 τ_f，与作用于该平面的剪应力 τ 进行比较，即可判断该平面的安全状态，即：

当 $\tau < \tau_f$ 时，此平面不会发生剪切破坏，土体处于弹性平衡状态。

当 $\tau = \tau_f$ 时，此平面处于极限平衡状态。

当 $\tau > \tau_f$ 时，此平面处于塑性平衡状态，即已破坏。实际上 $\tau > \tau_f$ 这种情况不可能存在，因为任何平面上的剪应力都不可能超过其抗剪强度。

对于土体中的任何一点，如果沿该点的任一平面发生剪切破坏，该点将会被破坏，此为判断一点安全状态的第一种方法，可以参考我们慕课中的例题解析进行理解。

本讲内容就到这里，下一讲将继续为大家讲解另外一种判断土体中一点安全状态的方法，谢谢大家！

第 5-2 讲　土中一点的极限平衡条件

同学们，大家好，欢迎来到土力学慕课课堂！今天我们来学习土中任意一点的极

限平衡条件。

一、土中一点的应力状态

假定土体是均匀、连续的半无限空间体，现研究水平地面以下任一点 M 的应力状态。在 M 点取一微小的单元体 $\mathrm{d}x\,\mathrm{d}y\,\mathrm{d}z$，并使其上下面平行于地面，因微单元体很小，本身质量可忽略不计。现将微单元体放大，分析其受力情况。因为只有土的自重作用，故在微单元体各个面上没有剪应变，说明不存在剪应力，凡是没有剪应力的面称为主应力面。我们知道，土中一点的应力状态是个复杂的三维受力状态，为简化计算这里只考虑二维平面受力，即我们只考虑最大主应力和最小主应力，如图 5 - 4 所示。

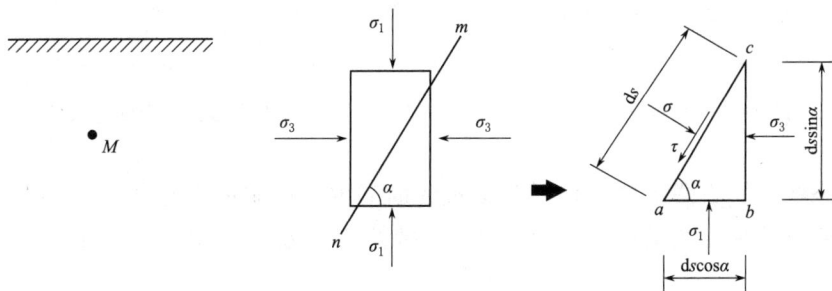

图 5 - 4　土中一点的应力状态

设作用在该单元体上的两个主应力为 σ_1 和 σ_3，其中 $\sigma_1 > \sigma_3$，在单元体内与大主应力 σ_1 的作用面成任意 α 角的斜平面 mn 上，存在正应力 σ 和剪应力 τ。为了建立 σ、τ 与大、小主应力 σ_1、σ_3 之间的关系，取微棱柱体 abc 为隔离体，将各力分别在水平方向和垂直方向上进行投影，根据静力平衡条件列出静力平衡方程，如下：

$$\begin{cases} \sigma_3\,\mathrm{d}s\sin\alpha + \tau\,\mathrm{d}s\cos\alpha - \sigma\,\mathrm{d}s\sin\alpha = 0 \\ \sigma_1\,\mathrm{d}s\cos\alpha - \tau\,\mathrm{d}s\sin\alpha - \sigma\,\mathrm{d}s\cos\alpha = 0 \end{cases} \tag{5-5}$$

上述两个方程中，包含斜平面上正应力 σ 和剪应力 τ 两个未知数，联立求解方程，在斜面 mn 上的正应力 σ 和剪应力 τ 计算如下：

$$\begin{cases} \sigma = \dfrac{1}{2}(\sigma_1 + \sigma_3) + \dfrac{1}{2}(\sigma_1 - \sigma_3)\cos 2\alpha \\ \tau = \dfrac{1}{2}(\sigma_1 - \sigma_3)\sin 2\alpha \end{cases} \tag{5-6}$$

由材料力学可知，以上 σ、τ 与 σ_1、σ_3 之间的关系可以用摩尔应力圆表示，如图 5 - 5 所示。即在 σ - τ 直角坐标系中，由大、小主应力 σ_1、σ_3 构成的摩尔应力圆，圆心坐标为 $[(\sigma_1 + \sigma_3)/2, 0]$，应力圆半径 r 为 $(\sigma_1 - \sigma_3)/2$。以圆心为顶点，与坐标横轴 σ 轴成 2α 角的圆周上的一点 A，可以证明，A 点的横坐标即为斜面 mn 上的正应力 σ，纵坐标即为剪应力 τ。

这样，摩尔应力圆就可以表示土体中一点的应力状态，摩尔应力圆圆周上各点的坐标就表示该点在相应平面上的正应力和剪应力。

二、土的极限平衡条件

如果给定了土的抗剪强度指标 c、φ 以及土中某点的应力状态，则摩尔应力圆与抗剪强度包线存在以下三种关系，如图 5-6 所示。

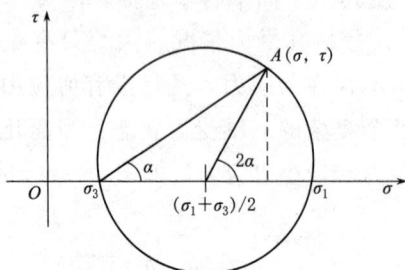

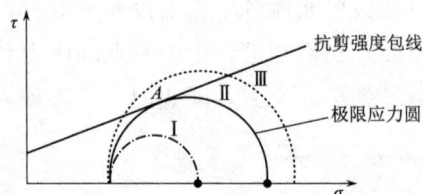

图 5-5　摩尔应力圆　　　　图 5-6　摩尔应力圆与抗剪强度包线的关系

（1）整个摩尔应力圆 Ⅰ 位于抗剪强度包线的下方，说明该点在任何平面上的剪应力都小于土所能发挥的抗剪强度，即 $\tau < \tau_f$，因此不会发生剪切破坏，土体处于弹性平衡状态。

（2）**摩尔应力圆 Ⅱ 与抗剪强度包线相切，切点为 A，说明在 A 点所代表的平面上，剪应力正好等于抗剪强度，即 $\tau = \tau_f$，该点处于极限平衡状态，此摩尔应力圆称为极限应力圆。**

（3）当抗剪强度包线是摩尔应力圆 Ⅲ 的一条割线时，理论上在割线上方各点所代表的平面上剪应力超出了其抗剪强度，即 $\tau > \tau_f$，此点已破坏。实际上这种情况是不可能存在的，因为该点任何方向上的剪应力都不可能超过土的抗剪强度，以虚线表示。

如上所述，当极限应力圆与抗剪强度包线相切于 A 点时，在 A 点所代表的平面上，剪应力刚好等于土的抗剪强度，即该点处于极限平衡状态，根据这一几何关系，可建立土中一点的极限平衡条件。

设在土体中取一微单元体，如图所示 mn 为破裂面，剪切破坏时与大主应力的作用面成破裂角 α_f，如图 5-7（a）所示，该点处于极限平衡状态时的摩尔应力圆与抗剪强度包线相切，如图 5-7（b）所示。将抗剪强度包线延长与横轴 σ 轴相交于 B 点，$OB = c \cot \varphi$。

由于 A 点为抗剪强度包线与摩尔应力圆的切点，所以三角形 ABD 为直角三角形，存在几何关系：

$$\sin \varphi = \frac{\overline{AD}}{\overline{BD}}$$

即　$\sin \varphi = \dfrac{\dfrac{1}{2}(\sigma_1 - \sigma_3)}{c \cot \varphi + \dfrac{1}{2}(\sigma_1 + \sigma_3)}$，此为极限平衡条件。

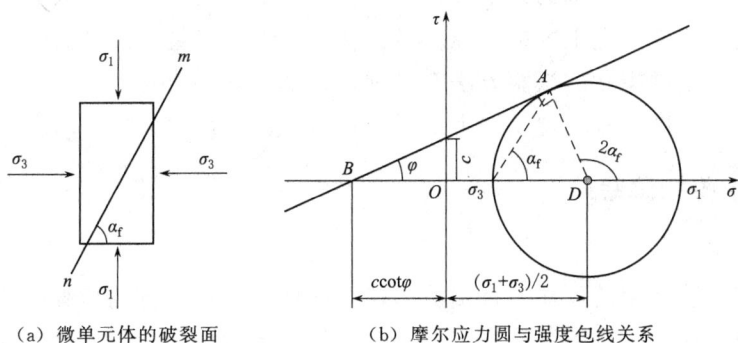

(a) 微单元体的破裂面　　　　　(b) 摩尔应力圆与强度包线关系

图 5－7　土中一点的极限平衡条件

通过三角函数化简后可得

$$\begin{cases} \sigma_1 = \sigma_3 \tan^2\left(45° + \dfrac{\varphi}{2}\right) + 2c\tan\left(45° + \dfrac{\varphi}{2}\right) \\ \sigma_3 = \sigma_1 \tan^2\left(45° - \dfrac{\varphi}{2}\right) - 2c\tan\left(45° - \dfrac{\varphi}{2}\right) \end{cases} \tag{5-7}$$

此为黏性土的极限平衡条件。

对于无黏性土，由于 $c=0$，所以无黏性土的极限平衡条件为

$$\begin{cases} \sigma_1 = \sigma_3 \tan^2\left(45° + \dfrac{\varphi}{2}\right) \\ \sigma_3 = \sigma_1 \tan^2\left(45° - \dfrac{\varphi}{2}\right) \end{cases} \tag{5-8}$$

在直角三角形 ABD 中，由外角与内角的关系可得破裂角 α_f 为

$$\alpha_f = \frac{1}{2}(90° + \varphi) = 45° + \frac{\varphi}{2} \tag{5-9}$$

说明土体处于极限平衡状态时，**破坏面与大主应力 σ_1 作用面的夹角为** $\left(45° + \dfrac{\varphi}{2}\right)$，破坏面与小主应力 σ_3 作用面的夹角为 $\left(45° - \dfrac{\varphi}{2}\right)$。

同学们，现在我们结合摩尔应力圆来进行思考，**剪切破坏面是不是处于剪应力最大的平面上？** 根据以上破裂角 α_f 为 $45° + \varphi/2$ 可知，剪切破坏面并不产生于最大剪应力面，因此，土的剪切破坏并不是由最大剪应力 τ_{max} 所控制。这是不是和大家在材料力学中学习的剪切破坏平面有所不同呢？本质区别在哪里？请大家思考。

本节课就讲到这里，感谢大家的聆听！

第5-3讲　土的抗剪强度试验

同学们，大家好，欢迎来到土力学慕课课堂！

本讲我们来学习土的抗剪强度试验，我们知道工程中土体的破坏是剪切破坏，在计算地基承载力，评价地基的稳定性，计算挡土墙的土压力时，都要用到土的抗剪强度指标，因此，正确测定土的抗剪强度指标在工程上具有重要意义。

测定土抗剪强度指标的试验方法有多种，包括室内的直接剪切试验、三轴压缩试验、无侧限抗压强度试验、现场的十字板剪切试验。本讲给大家介绍三个室内试验。

一、直接剪切试验

1. 试验仪器

直接剪切试验使用的仪器是直接剪切仪，简称直剪仪，分为应变控制式和应力控制式两种。应变控制式是控制试样产生一定位移，如量力环中量表指针不再前进，表示试样已被剪坏，测定其相应的水平剪应力；应力控制式则是施加一定的水平剪应力，如相应的位移不断增加，认为试样已被剪坏。

目前我国普遍采用的是应变控制式直剪仪如图 5-8 所示，该仪器的主要部件由固定的上盒和活动的下盒组成，试样放在上下盒内的两块透水石之间。试验时，由杠杆系统通过传压盖板和上透水石对试件施加某一垂直压力 σ，然后等速转动轮轴，对下盒施加水平推力，使试样在上、下盒之间的水平接触面上产生剪切变形，直至破坏。剪应力大小可通过与上盒接触的量力环的变形值计算确定。在剪切过程中，随着上下盒相对剪切变形的发展，土样中的抗剪强度逐渐发挥出来，直到剪应力等于土的抗剪强度时，土样剪切破坏，所以土样的抗剪强度是用剪切破坏时的剪应力来度量的。

2. 试验原理

同一种土至少取 4 个平行试样，分别在不同的法向应力 σ 下进行剪切破坏，可以得到相应的抗剪强度 τ_f，将试验结果绘制成抗剪强度 τ_f 与法向应力之间的关系曲线（$\tau_f - \sigma$ 曲线），即为该土的抗剪强度包线。

如图 5-9 所示，以剪切过程中施加的剪应力 τ 为纵坐标，剪切位移 Δl 为横坐标，绘制剪应力 τ 与剪切位移 Δl 之间的关系曲线。

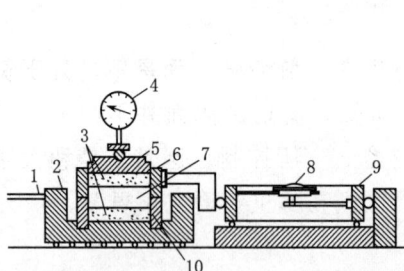

图 5-8　应变控制式直剪仪结构示意图
1—轮轴；2—底座；3—透水石；4—量表；
5—传压盖板；6—上盒；7—土样；8—量表；
9—量力环；10—下盒

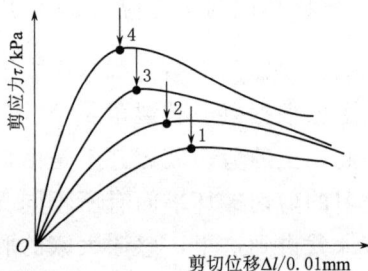

图 5-9　剪应力-剪切位移关系曲线

施加于试样的剪应力 τ 应按下式计算：

$$\tau = \frac{CR}{A_0} \times 10 \qquad\qquad (5-10)$$

式中　τ——剪应力，kPa；

　　C——测力计率定系数，N/0.01mm；

　　R——测力计读数，0.01mm；

　　A_0——试样的初始面积，即环刀的面积，cm^2。

当曲线出现峰值时，取峰值剪应力作为抗剪强度 τ_f；当曲线无峰值时，可取剪切位移 $\delta = 4$mm 时所对应的剪应力作为抗剪强度 τ_f。

以抗剪强度 τ_f 为纵坐标，法向应力 σ 为横坐标，绘制抗剪强度 τ_f 与法向应力 σ 的关系曲线，如图 5 - 10 所示。试验结果表明，对于黏性土，抗剪强度与法向应力之间基本成直线关系，该直线的倾角为土的内摩擦角 φ，直线在纵轴上的截距为土的黏聚力 c，c 和 φ 即为土的抗剪强度指标，直线方程可用库仑公式表示。

对于砂性土，抗剪强度与法向应力之间的关系则是一条通过原点的直线，即 $c = 0$。

3. 直剪试验分类

直剪试验是室内测定土抗剪强度的最基本方法。试验和工程实践都表明，土的抗剪强度与排水固结状况有很大关系，因而在工程设计中采用的试验方法应与现场实际情况相符合。为了在试验过程中能够考虑工程实际情况，根据加荷速率的快慢和试验时的排水条件，可将试验划分为**快剪**、**固结快剪**和**慢剪**三种试验方法来近似模拟土体在现场的受剪条件。

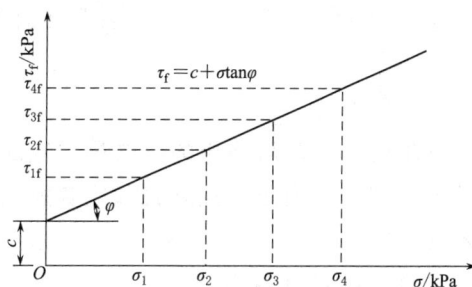

图 5 - 10　抗剪强度-法向应力关系曲线

快剪是在试样施加竖向压力 σ 后，立即快速地施加水平剪应力，使试样在 3～5min 内剪坏。

固结快剪是剪切前试样在竖向压力下充分固结排水，待固结稳定后，再快速施加水平剪应力，使试样在 3～5min 内剪坏，土样在剪切过程中不排水。

慢剪允许试样在竖向压力下，排水并固结稳定后，再以小于 0.02mm/min 的缓慢速率施加水平剪力，直至剪破，整个试验过程中尽量使土样排水。

4. 直剪试验的优缺点

直剪仪具有构造简单，试样的制备和安装方便，易于操作等优点，但它存在若干缺点主要如下：

（1）我们知道土的抗剪强度与其受力后的排水固结情况有关，但整个试验过程中不能量测土样的孔隙水压力，不能严格控制排水条件。当进行不排水剪切时，土样仍有可能排水，因此快剪试验和固结快剪试验仅适用于渗透系数小于 10^{-6}cm/s 的细粒土。

（2）剪切面限定在上、下盒之间的平面，而不是沿着与大主应力作用面成 $(45°+\varphi/2)$ 角度的最薄弱面剪切破坏。

（3）剪切面上剪应力分布不均匀，土样剪切破坏时先从边缘开始，在边缘会发生应力集中现象。

（4）在剪切过程中，土样剪切面逐渐缩小，而在计算抗剪强度时没有考虑，仍然按土样的原截面面积进行计算。

二、三轴压缩试验

1. 试验原理

三轴压缩试验也称为三轴剪切试验，是测定土抗剪强度较为完善的一种方法。测定试样在不同围压剪切破坏时，利用摩尔-库仑强度理论间接推求出土的抗剪强度。三轴是对于一个竖向和两个侧向而言，由于压力室和试样均为圆柱形，因此两个侧向（即周围）的应力相等，为小主应力 σ_3，而竖向（即轴向）的应力为大主应力 σ_1。在保持 σ_3 不变的情况下增加 σ_1，直到土样剪切破坏，这种条件下的试验称为常规三轴压缩试验。

2. 试验仪器

三轴压缩试验所使用的仪器是三轴压缩仪，也称为三轴剪切仪，按施加轴向压力方式的不同，分为**应力控制式**和**应变控制式**两种，**实验室使用的常规三轴仪是指应变控制式三轴仪。**

应变控制式三轴仪主要由三个部分组成，即**压力室、稳压调压系统和量测系统，**各系统之间用管路与各种阀门开关连接。压力室是三轴仪的主要组成部分，它是一个由金属上盖、底座、透明有机玻璃圆筒组成的密闭容器，压力室底座通常有 3 个小孔，分别与稳压系统以及体积变形和孔隙水压力量测系统相连。稳压调压系统由压力泵、调压阀和压力表等组成，试验时通过压力室对试样施加周围压力，并在试验过程中根据不同的试验要求对压力进行控制和调节。量测系统由排水管、体变管和孔隙水压力量测装置等组成，试验时分别测出试样受力后土中排出的水量，孔隙水压力的变化，对试样的竖向变形则利用置于压力室上方的百分表进行测读。

3. 试验步骤

常规三轴试验的一般步骤如下：首先将切制成圆柱体的土样套在橡胶膜内，放在密闭的压力室中，然后向压力室内注入气压或液压，使试件在各个方向包括试样的上下面都受到压力 σ_3（σ_3 称为围压），在整个试验过程中围压不变，试件内各向的主应力都相等，因此在试件内不产生任何剪应力；最后通过轴向加荷系统对试样施加竖向压力，随着竖向压力逐渐增大，试样最终因受剪而产生破坏，如图 5-11（a）所示。设剪切破坏时，轴向加荷系统加在试样上的竖向压应力为 $\Delta\sigma$，则试样上的大主应力 $\sigma_1=\sigma_3+\Delta\sigma$，而小主应力为 σ_3，据此可以作出一个试样剪切破坏时的应力圆，即为极限应力圆，如图 5 - 11（b）所示。

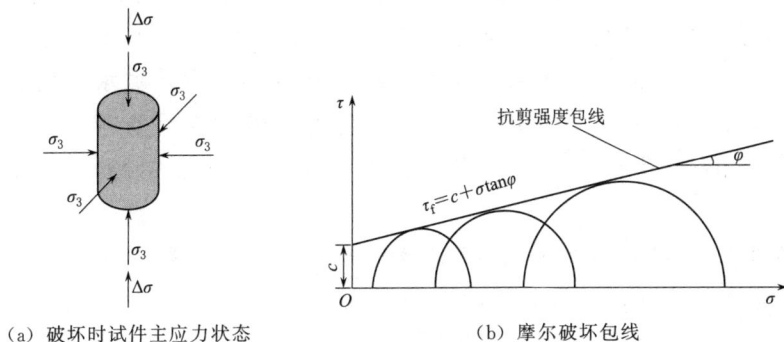

（a）破坏时试件主应力状态　　　　　（b）摩尔破坏包线

图 5 - 11　三轴压缩试验示意图

　　用同一种土样制成的若干个试件，一般为 3～4 个，分别在不同的围压下进行试验，可得到一组极限应力圆，如图 5 - 11（b）所示。作这些极限应力圆的公切线，即为该土样的抗剪强度包线，基本上是一条直线，该直线的倾角为土的内摩擦角 φ，直线在纵轴上的截距为土的黏聚力 c，由此便可得出土样的抗剪强度指标 c、φ 值。

　　实际上，由于土的强度特性会受应力历史、应力水平等的影响，加上土样的不均匀性以及试验误差等原因，土的强度包线并非一条直线，极限应力圆上的破坏点不一定落在其公切线上。因此，在三轴试验数据的整理过程中，极限应力圆的公切线绘制是比较困难的，往往需通过经验判断后才能确定。

　　4. 三轴压缩试验分类

　　三轴压缩试验按剪切前的固结程度和剪切时的排水条件，可以分为不固结不排水剪（UU 试验）、固结不排水剪（CU 试验）、固结排水剪（CD 试验）三种试验方法。

　　（1）不固结不排水剪（UU 试验）。试样在施加周围压力 σ_3，随后施加轴向压应力 $\Delta\sigma$，直至剪坏过程中都关闭排水阀门，不允许试样排水固结，如图 5 - 12（a）所示，即从开始加压直至试样剪坏，土中的含水量始终保持不变，孔隙水压力也不会消散。不固结不排水剪试验得到的抗剪强度指标用 c_u、φ_u 表示，这种试验方法对应实际工程条件下快速加荷时的应力状况。

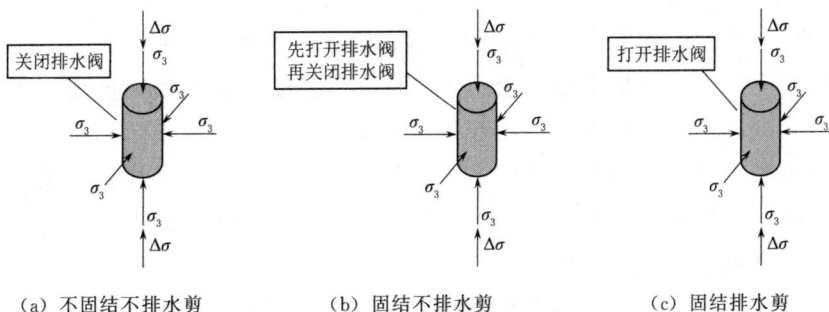

（a）不固结不排水剪　　　　（b）固结不排水剪　　　　（c）固结排水剪

图 5 - 12　三轴压缩试验分类

（2）**固结不排水剪（CU 试验）**。在施加周围压力 σ_3 时将排水阀门打开，允许试样充分排水，待孔隙水压力完全消散，试样固结稳定后关闭排水阀门，然后施加轴向压应力 $\Delta\sigma$，使试样在不排水的条件下剪切破坏，如图 5 - 12（b）所示。在剪切过程中，打开试样与孔隙水压力量测系统之间的阀门开关，量测孔隙水压力。固结不排水剪得到的抗剪强度指标用 c_{cu}、φ_{cu} 表示，其适用的实际工程条件为一般正常固结土层在新增荷载的作用下所对应的受力情况，在实际工程中经常采用这种试验方法。

（3）**固结排水剪（CD 试验）**。在施加周围压力 σ_3，随后施加轴向压应力 $\Delta\sigma$，直至剪坏过程中都将排水阀门打开，如图 5 - 12（c）所示，始终保持试样的孔隙水压力为零，让试样中的孔隙水压力能够完全消散，CD 试验得到的抗剪强度指标用 c_d、φ_d 表示。

5. 三轴压缩试验的优缺点

三轴压缩试验的**突出优点**是能够控制排水条件，以及可以量测土样中孔隙水压力的变化。**此外**，三轴压缩试验中试样的应力状态也比较明确，剪切破坏时的破裂面在试样的最弱处，不像直剪试验那样限定在上下盒之间。一般来说，三轴压缩试验的结果还是比较可靠的，因此，三轴压缩仪是土工试验不可缺少的仪器设备。

三轴压缩试验的**主要缺点**是试验仪器复杂，对试验人员的操作技术要求比较高，试样制备难度较大。**另外**，常规三轴试验中的试样所受的力是轴对称的，与工程实际中土体的受力情况不太相符，要满足土样在三向应力条件下进行剪切试验，就必须采用更为复杂的真三轴仪进行试验。

需要注意的是，剪切试验时，即使同一种土施加的总应力 σ 相同，试验方法即控制的排水条件不同时，所得的强度指标就不相同，故土的抗剪强度与总应力之间没有唯一的对应关系。因此，如果采用总应力方法表达土的抗剪强度，其强度指标应与相应的试验方法，主要是排水条件相对应。理论上说，土的抗剪强度与有效应力之间具有很好的对应关系，若在试验时量测土样的孔隙水压力，据此算出土的有效应力，则可以采用有效应力指标来表达土的抗剪强度。

三、无侧限抗压强度试验

无侧限抗压强度试验实际上是三轴压缩试验的一种特殊情况，即周围压力 $\sigma_3 = 0$ 的三轴试验，所以又称**单轴压缩试验**。无侧限抗压强度试验所使用的无侧限压缩仪如图 5 - 13（a）所示，由升降螺杆、加压框架、量力环及量表等组成。

目前也常利用三轴仪来做该试验。试验时，在不加任何侧向压力的情况下，对圆柱体试样施加轴向压力，直至试样剪切破坏，试样破坏时的轴向压力以 q_u 表示，称为**无侧限抗压强度**。

由于不能施加周围压力，因而根据试验结果，只能作**一个极限应力圆**，难以得到破坏包线，如图 5 - 14 所示。

（a）无侧限抗压强度仪　　　　　（b）破坏时试件的主应力状态

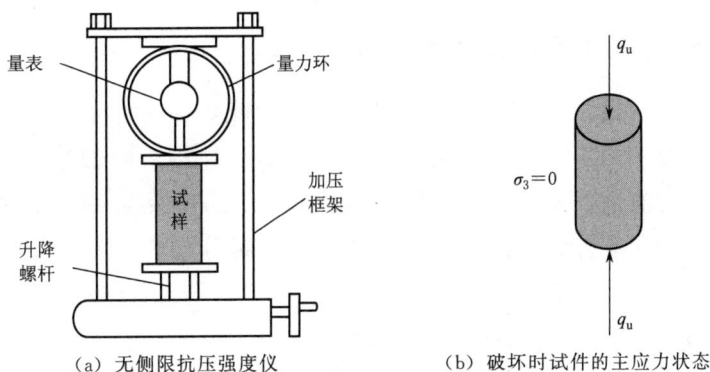

图 5-13　无侧限抗压强度试验示意图

饱和黏性土的三轴不固结不排水试验结果表明，其破坏包线为一水平线，即 $\varphi = 0$，说明在不固结不排水试验条件下的抗剪强度只由其黏聚力提供。因此，对于不固结不排水抗剪强度，就可利用无侧限抗压强度 q_u 来得到，即

$$\tau_f = c_u = \frac{q_u}{2} \qquad (5-11)$$

式中　τ_f——土的不排水抗剪强度，kPa；

c_u——土的不排水黏聚力，kPa；

q_u——无侧限抗压强度，kPa。

图 5-14　无侧限抗压强度试验成果

利用无侧限抗压强度试验可以测定饱和黏性土的灵敏度 S_t，这一概念已经在第 1 章土的物理状态指标中给大家做过讲述，这里不再赘述。

上面给同学们介绍了有关土体抗剪强度的三种室内试验方法，这些试验方法都要求先取得原状土样，但由于试样在采取、运送、保存和制备等过程中不可避免地会受到扰动，土的含水量也难以保持天然状态，特别是高灵敏度的黏性土，因此，室内试验结果会受到不同程度的影响。十字板剪切试验是一种原位测试土抗剪强度的方法，不必取土样，土体所受的扰动较小，被认为是比较能反映土体原位强度的测试方法，适用于现场测定黏性土的原位不排水抗剪强度，特别适用于均质饱和软黏土。具体的试验操作方法请同学们参考《土工试验方法标准》（GB/T 50123—2019）和相关的实验指导书。

本节课就讲到这里，感谢大家的聆听。

第 5-4 讲　土抗剪强度的影响因素及指标选择

同学们，大家好，欢迎来到土力学慕课课堂！今天我们来学习影响土抗剪强度的因素及土体抗剪强度指标的选择。

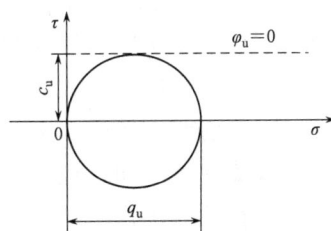

一、影响土抗剪强度的因素

由工程实践得知，不同地区、不同成因、不同类型土的抗剪强度往往有很大的差别，即使同一种土，在密度、含水率，试验时剪切速率、仪器型式等不同的条件下，其抗剪强度的数值也不相等。根据库仑定律 $\tau_f = c + \sigma \tan\varphi$ 可知，土的抗剪强度与作用于剪切面上的法向应力、土的内摩擦角和土的黏聚力三者有关。因此，影响抗剪强度的因素可归纳为以下两类。

1. 土的物理化学性质的影响

（1）土粒的矿物成分。砂土中石英矿物含量越多，内摩擦角 φ 越大；云母矿物含量越多，则内摩擦角 φ 越小。矿物成分不同，其表面结合水和电分子力不同，黏聚力 c 也不同，土中含有胶结物质可使黏聚力 c 增大。

（2）土的颗粒形状与级配。土的颗粒越粗，表面越粗糙，内摩擦角 φ 越大。土的级配越好，内摩擦角 φ 越大；土粒越均匀，内摩擦角 φ 越小。

（3）土的原始密度。土的原始密度越大，土粒之间的接触点越多且紧密，则土粒之间的表面摩擦力和粗粒土的咬合力越大，即内摩擦角 φ 越大；同时，土的原始密度大，土的孔隙就小，接触紧密，黏聚力 c 也必然大。

（4）土的含水率。当土的含水率增加时，水分在土粒表面形成润滑剂，内摩擦角 φ 减小。对黏性土来说，含水率增加，薄膜水变厚，甚至增加自由水，土粒之间的电分子力减弱，黏聚力 c 降低。山坡滑动通常在雨后，雨水入渗使山坡土中含水量增加，降低土的抗剪强度，导致山坡滑动失稳。

（5）土的结构。黏性土具有较强的结构性，当黏性土的结构受到扰动时，其黏聚力 c 就会降低。

2. 孔隙水压力的影响

由前面的有效应力原理可知，作用在试样剪切面上的总应力为有效应力和孔隙水压力之和，即 $\sigma = \sigma' + u$。在外荷载作用下，随着时间的增加，孔隙水压力因排水而逐渐消散，同时有效应力不断增加。

只有有效应力才能产生土的内摩擦强度，孔隙水压力不会产生土粒之间的内摩擦力。因此，土的抗剪强度试验条件不同，直接影响土中孔隙水是否排出以及排出多少，进而影响有效应力的数值大小，使抗剪强度试验结果不同。

二、土体抗剪强度指标的选用

通过上述分析我们知道，对于同一种土，其抗剪强度指标与试验方法和排水条件都有关系，而实际工程问题的情况又是千变万化的，地基条件与加荷情况不一定非常明确，如荷载大小、加荷速率、土层的厚度以及加荷过程等都没有定量的界限值，用实验室的试验条件去模拟现场条件还会有差别。因此，首先要根据工程问题的性质确定三种不同排水的试验条件，进而决定采用总应力或有效应力的强度指标，然后选择室内或现场的试验方法。

一般认为，由三轴固结不排水试验确定的有效应力强度指标 c' 和 φ' 宜用于分析地基的**长期稳定性**，例如土坡的长期稳定性分析，估计挡土结构物的长期土压力，位于软土地基上结构物的长期稳定分析等；而对于饱和软黏土的**短期稳定性**问题，则宜采用不固结不排水试验的强度指标 c_u，即 $\varphi_u = 0$，以总应力法进行分析。对于具体工程问题，应尽可能根据现场条件与施工速度，即土中孔隙水压力的消散程度，采用三种不同的试验方法，获得合适的抗剪强度指标。

（1）不固结不排水剪（快剪）。在整个试验过程中不让土样排水，使试样始终存在孔隙水压力，因此土中有效应力减小，所测的抗剪强度值最小。

（2）固结不排水剪（固结快剪）。施加垂直压力后充分排水，固结后再快速施加水平剪力，直至土样剪损，测得的抗剪强度值居中。

（3）固结排水剪（慢剪）。试验过程中处于充分排水条件下，即整个试验土样的孔隙水压力为 0，直至试样剪损，测得的抗剪强度值最大。

由此可见，试验中是否存在孔隙水压力，对抗剪强度有很重要的影响。一般工程问题多采用总应力法分析，其指标和测试方法的选择大致如下：若建筑物施工速度较快，而地基土的透水性和排水条件不良时，可采用三轴仪不固结不排水剪试验或直剪仪快剪试验的结果；如果地基荷载增长速率较慢，地基土的透水性良好，排水条件较佳时，则可以采用固结排水剪（慢剪）试验结果；如果介于以上两种情况之间，或建筑物竣工很久后，荷载又突然增大，可用固结不排水剪（固结快剪）试验结果，表 5-1 可供大家参考。

表 5-1　　　　　　　　　　　　不同剪切试验的适用条件

（试 验 方 法）	适 用 条 件
不固结不排水剪（快剪）	地基土的透水性和排水条件不良，建筑物施工速度较快
固结排水剪（慢剪）	地基土的透水性好，排水条件较佳，建筑物加荷速率较慢
固结不排水剪（固结快剪）	建筑物竣工很久后，荷载又突然增大，或地基条件介于上述两种情况之间

由于实际加荷情况和土的性质是复杂的，在建筑物的施工和使用过程中，地基都要经历不同的固结状态，因此，在选用强度指标前，需要认真分析实际工程的地基条件与加荷条件，并结合类似工程的经验加以判断，选用合适的试验方法与强度指标。

本节课就讲到这里，感谢大家的聆听！

第6章 土 压 力

第6-1讲 土 压 力 概 述

同学们，大家好，欢迎来到土力学慕课课堂！

本章我们来学习土压力及挡土墙的有关内容。土压力是土力学中的重要问题之一，通过学习，了解土压力产生的条件及分类，掌握静止土压力的计算、朗肯土压力理论与库仑土压力理论、工程常见情况下的土压力计算，掌握挡土墙的稳定性验算等知识。

一、土压力的类型

在土木、水利、交通、港航等工程中，为了阻挡土体的下滑或截断土坡的延伸，常常设置各式各样的挡土结构物，这种**防止土体坍塌的构筑物称为挡土墙**。例如港口的码头、隧道的侧墙、地下室的外墙、闸室的岸墙，桥梁的桥台、支撑基坑或边坡的板桩墙等都是挡土墙，如图6-1所示。

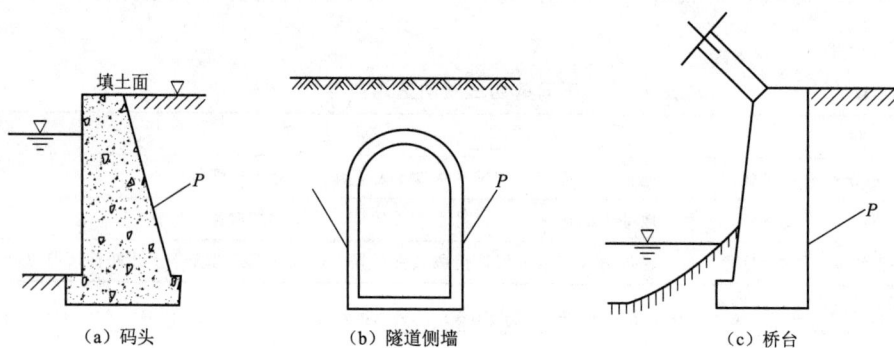

（a）码头　　　　　　　（b）隧道侧墙　　　　　　　（c）桥台

图6-1　挡土墙实例

挡土墙后的填土因自重或外荷载作用对墙背产生的侧向压力称为土压力。我们可以看出，土压力是挡土墙上的主要外荷载，因此，设计挡土墙时要先确定作用在墙背上土压力的性质、大小、方向和作用点。土压力的计算是个十分复杂的问题，它涉及墙后填土、挡土墙和地基三者之间的相互作用，即不仅与墙后填土的性质、填土面的形状及荷载情况有关，还与挡土墙的位移方向、位移量大小、墙身的整体刚度、墙背的光滑程度以及地基的土质等因素有关，土压力的大小直接影响挡土墙的稳定性，所以土压力的计算是土力学中的一个重要内容。

**根据挡土墙的位移情况和墙后土体所处的应力状态，土压力分为静止土压力、主动土压力和被动土压力三种。

1. 静止土压力

挡土墙在土压力作用下，无任何方向的位移或转动而保持原来的位置，墙后土体处于**弹性平衡状态**，此时墙背上所受的土压力称为**静止土压力**，用 P_0 表示。墙后土体各点的摩尔应力圆与抗剪强度包线相离，如图 6-2（a）所示。如地下室的外墙、闸室的岸墙、作用于基岩上的重力式挡土墙以及其他不产生位移的挡土构筑物，通常可视为受静止土压力作用。

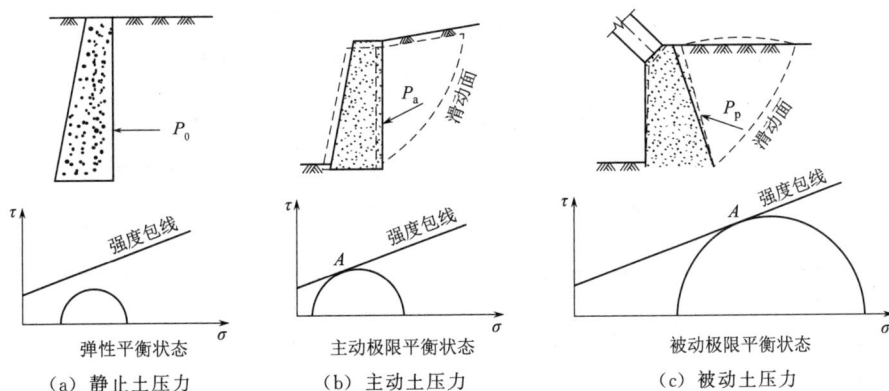

图 6-2 土压力的类型

2. 主动土压力

挡土墙在土压力作用下，向背离土体的方向有一微小的移动或转动，随着位移量的增加，墙后土体的土压应力逐渐减小，当位移量达某一值时（位移量还是很微小），墙后土体即将下滑，作用在墙背土的土压应力达到最小，墙后土体达到**主动极限平衡状态**，摩尔应力圆与抗剪强度包线相切，如图 6-2（b）所示，此时作用于墙背上的**土压力称为主动土压力**，用 P_a 表示。多数挡土墙按主动土压力计算。

3. 被动土压力

与产生主动土压力的情况相反，挡土墙在外力作用下向土体方向产生移动或转动时，墙推向土体，随着位移量的增加，墙后土体对墙背的反力也逐渐增大，当达某一位移量时，墙后土体即将向上隆起，作用在墙背上的土压应力达到最大，墙后土体达到**被动极限平衡状态**，摩尔应力圆与抗剪强度包线相切，如图 6-2（c）所示，此时作用在墙背上的土压力称为**被动土压力**，用 P_p 表示。如桥台受到桥上荷载的推力作用，台背上受到的土压力可按被动土压力计算。

试验研究表明，**在相同的墙高和填土条件下，主动土压力小于静止土压力，而静止土压力又小于被动土压力，即 $P_a < P_0 < P_p$**，产生被动土压力所需的位移量 Δp 比产生主动土压力所需的位移量 Δa 要大得多。三种土压力与挡土墙的位移关系以及位移量的大小如图 6-3 所示。

二、静止土压力计算

静止土压力产生的条件是挡土墙无任何方向的移动或转动，即位移和转角均为零。对于修筑在岩石地基上的重力式挡土墙，由于墙的自重大，不会发生位移，又因地基坚硬不会产生不均匀沉降，墙体不会产生转动，墙后的土体处于静止的弹性平衡状态，因此挡土墙背上的土压力即为静止土压力。

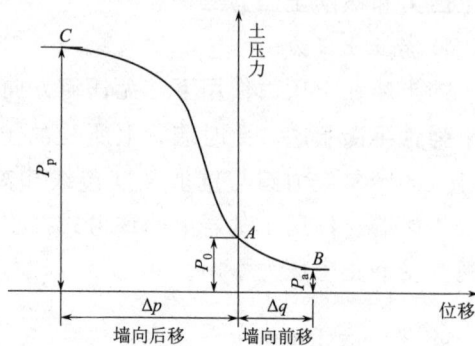

图 6-3 土压力与挡土墙位移关系图

如图 6-4（a）所示，在挡土墙后填土表面下任意深度 z 处取一微小单元体 M，微元体 M 的竖向应力就是其上土体的竖向自重应力，即 γz，此深度处土体水平向的自重应力就是该处的**静止土压力强度** p_0，可按下式计算：

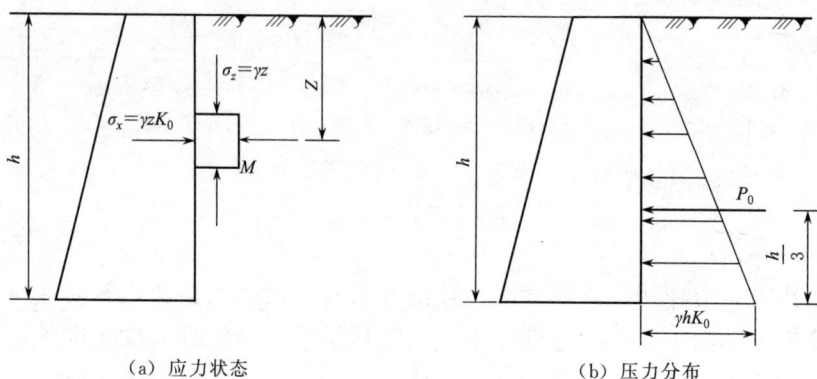

（a）应力状态　　　　　　（b）压力分布

图 6-4 静止土压力

$$p_0 = \gamma z K_0 \qquad (6-1)$$

式中　p_0——静止土压力强度，也称为静止土压应力，kPa；

K_0——土的侧压力系数，也称为静止土压力系数；

γ——墙后填土的重度，kN/m³。

由上式可知，**静止土压应力沿墙高呈三角形分布**，如图 6-4（b）所示，在挡土**墙长度方向取单位长度 1m** 进行计算，作用在墙背上的土压力即为土压应力分布图形的面积，即静止土压力 P_0 为

$$P_0 = \frac{1}{2}\gamma h^2 K_0 \qquad (6-2)$$

式中　P_0——静止土压力，kN/m；

h——挡土墙高度，m。

根据土压应力沿墙高呈**三角形**分布的特性可以得知，土压力 P_0 的作用点在**距墙**

底 $h/3$ 处。

静止土压力系数 K_0 与土的性质、密实程度等因素有关，一般可根据经验进行取值：松砂 $K_0=0.4$；密砂 $K_0=0.3$；黏性土 $K_0=0.5$。

对正常固结的无黏性土，K_0 可近似地按半经验公式进行计算：

$$K_0=1-\sin\varphi'$$

式中　φ'——土的有效内摩擦角，(°)。

另外，还可以在室内用 K_0 试验仪直接测定，相关的试验方法参见《土工试验方法标准》（GB/T 50123—2019）和《土工试验规程》（SL 237—1999）或相关的实验指导书。

本节课我们学习了土压力的概念、分类，以及静止土压力的计算，对于主动土压力和被动土压力，将根据不同的假设条件由朗肯土压力理论或库仑土压力理论进行计算，后续我们将分别介绍这两种土压力理论。

本节课就讲到这里，感谢大家的聆听！

第 6-2 讲　朗 肯 土 压 力 理 论

同学们，大家好，欢迎来到土力学慕课课堂！本节课我们来学习朗肯土压力理论。

朗肯土压力理论是英国科学家朗肯（W. J. M. Rankine）于 1857 年提出的，是古典土压力理论之一，其概念明确，方法简便，故一直沿用至今。

朗肯土压力理论是基于**弹性半无限土体的应力状态**和**土的极限平衡条件**而得出的土压力计算方法。

为了满足土体的极限平衡条件，**朗肯在基本理论推导中作了如下假设：**

（1）挡土墙墙背铅直、光滑，即墙背与填土之间没有摩擦力。

（2）墙后填土面水平，且无限延伸，即处于半无限空间土体应力状态。

（3）墙身刚性，即墙体在侧向土压力作用下仅能发生整体平移或转动，墙身的挠曲变形可忽略。

下面我们分别学习朗肯主动土压力和朗肯被动土压力的计算理论。

一、朗肯主动土压力

1. 基本概念

如图 6-5（a）所示，挡土墙墙背铅直、光滑，墙后填土面水平并无限延伸，根据以上假定可知，墙背与填土之间没有摩擦力，因而无剪应力。距墙后土体表面 z 深度处的微单元体 M 处于主应力状态。如果挡土墙在土压力作用下无位移，墙后土体处于弹性平衡状态，摩尔应力圆与土的抗剪强度包线相离，如图 6-5（b）中圆 I 所示。

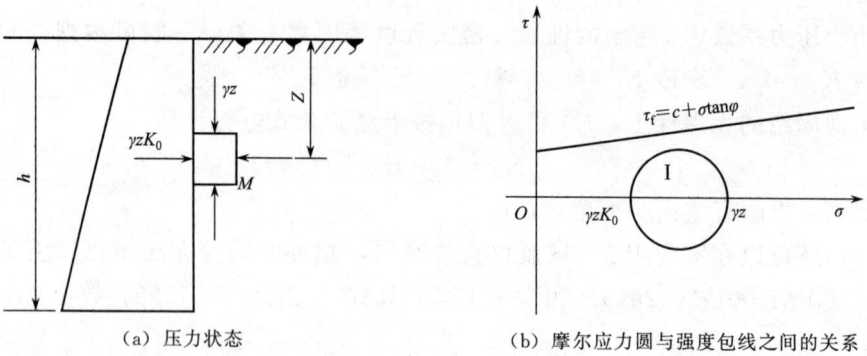

（a）压力状态　　　　　　　　（b）摩尔应力圆与强度包线之间的关系

图 6 - 5　静止土压力

微单元体 M 上竖向自重应力为 $\sigma_z = \gamma z$，水平向自重应力为 $\sigma_x = \gamma z K_0$，由于 $\sigma_z >$ σ_x，因此分别为大、小主应力 σ_1 和 σ_3，即

$$\sigma_1 = \sigma_z = \gamma z$$

$$\sigma_3 = \sigma_x = \gamma z K_0$$

当挡土墙在土压力作用下，向背离土体的方向有一微小的移动或转动时，随着位移量的增加，墙后土体的土压应力逐渐减小，位移量达某一值时，墙后土体即将下滑，作用在墙背上的土压应力达到最小，墙后土体达到**主动极限平衡状态**，如图 6 - 6 （a）所示。

此过程中，微单元体 M 上竖向应力 $\sigma_z = \gamma z$ 保持不变，为大主应力 σ_1，水平向应力为 σ_3 逐渐减小，直至减小到极限平衡状态，此时称为**主动极限平衡**，摩尔应力圆与抗剪强度包线相切，如图 6 - 6（b）圆 Ⅱ 所示。墙后土体形成一系列剪切破坏面，面上各点都处于极限平衡状态，称为朗肯主动状态。此时墙背上水平向应力与 σ_x 大小相等、方向相反，即朗肯主动土压力强度，用 p_a 表示。

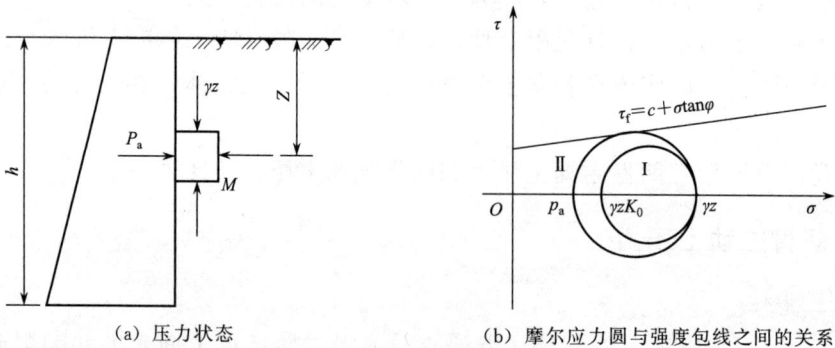

（a）压力状态　　　　　　　　（b）摩尔应力圆与强度包线之间的关系

图 6 - 6　朗肯主动土压力

根据土的极限平衡条件部分的知识内容可知，当土体处于极限平衡状态时，破坏面与大主应力作用面（即水平面）的夹角为 $\alpha = 45° + \dfrac{\varphi}{2}$。

2. 计算公式

根据土的抗剪强度理论，当土体中某点处于极限平衡状态时，大、小主应力应满足以下极限平衡条件：

$$\sigma_1 = \sigma_3 \tan^2\left(45° + \frac{\varphi}{2}\right) + 2c\tan\left(45° + \frac{\varphi}{2}\right)$$

或

$$\sigma_3 = \sigma_1 \tan^2\left(45° - \frac{\varphi}{2}\right) - 2c\tan\left(45° - \frac{\varphi}{2}\right)$$

如前所述，当墙背竖直光滑，填后填土面水平，挡土墙向背离土体的方向达到主动朗肯状态时，墙背上任一深度 z 处的主动土压力强度为极限平衡状态时的小主应力，即 $p_a = \sigma_3$，与其相应的大主应力 $\sigma_1 = \gamma z$，故可得朗肯主动土压力强度 p_a。

（1）**对于黏性土**。

$$p_a = \sigma_3 = \sigma_1 \tan^2\left(45° - \frac{\varphi}{2}\right) - 2c\tan\left(45° - \frac{\varphi}{2}\right)$$

令

$$K_a = \tan^2\left(45° - \frac{\varphi}{2}\right)$$

则

$$p_a = \gamma z K_a - 2c\sqrt{K_a} \tag{6-3}$$

式中　K_a——主动土压力系数；

　　　γ——墙后填土的重度，kN/m^3；

　　　c——填土的黏聚力，kPa；

　　　φ——填土的内摩擦角，（°）；

　　　z——计算点距离填土面的深度，m。

此式为黏性土朗肯主动土压力强度 p_a 的计算式。由计算公式可知，黏性土的主动土压力强度由**两部分组成**：一部分是由土的自重引起的侧向土压应力 $\gamma z K_a$，沿墙高呈三角形分布；另一部分是由土的黏聚力 c 引起的负的侧向土压应力 $2c\sqrt{K_a}$，即拉应力，其值沿墙高不变。

将这两部分进行应力叠加，叠加后上面部分呈现拉应力，如图 6-7 所示。主动土压力强度 p_a 会从墙顶至墙底逐渐由负值变为 0，进而逐渐增加到大于 0。由于挡土墙与填土之间是不能承受拉力的，拉力将使土脱离墙体，故计算土压力时，该部分应略去不计，实际由应力叠加后呈现压应力的部分产生。

填土面以下 $p_a = 0$ 时所对应的深度称为**临界深度**，用 z_0 表示。当填土面无荷载的情况下：

$$p_a = \gamma z_0 K_a - 2c\sqrt{K_a} = 0$$

故临界深度为

$$z_0 = \frac{2c}{\gamma\sqrt{K_a}}$$

若取单位长度挡土墙进行计算，则作用于单位长度挡土墙上的土压力为土压应力

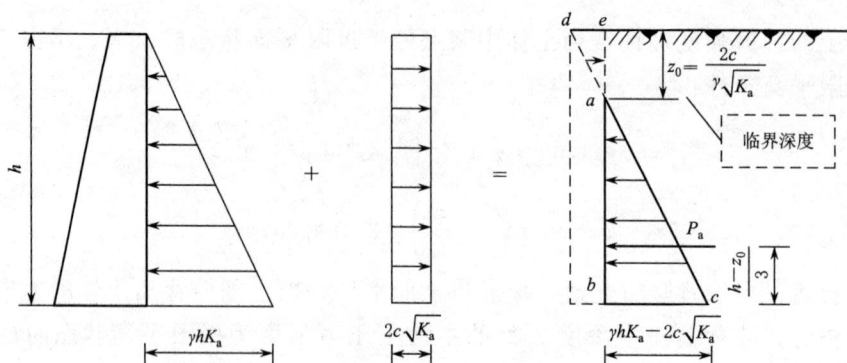

图 6-7 黏性土的主动土压力强度分布图

分布图形的面积，即主动土压力 P_a 计算如下：

$$P_a = \frac{1}{2}(\gamma h K_a - 2c\sqrt{K_a}) \times (h - z_0)$$

$$= \frac{1}{2}\gamma h^2 K_a - 2ch\sqrt{K_a} + \frac{2c^2}{\gamma} \tag{6-4}$$

P_a 通过三角形压力分布图形的形心，作用点距离墙底 $\dfrac{h-z_0}{3}$。

尚需注意，当填土面有超载时，不能直接用上述公式计算临界深度 z_0，也不能简单套用土压力 P_a 的计算公式，具体方法见下一讲内容。

（2）**对于无黏性土。**

当土为无黏性土时，$c=0$，土压力强度 p_a 的计算公式简化为

$$p_a = \gamma z K_a \tag{6-5}$$

由公式可知，无黏性土的主动土压力强度 p_a 与 z 成正比，从填土面沿墙高呈三角形分布，如图 6-8 所示。

若取单位长度挡土墙进行计算，则主动土压力 P_a 为

$$P_a = \frac{1}{2}\gamma h^2 K_a \tag{6-6}$$

P_a 通过三角形形心，作用点在距离墙底 $h/3$ 处。

二、朗肯被动土压力

1. 基本概念

如果挡土墙在外力作用下向土体方向产生移动或转动，如图 6-9（a）所示，墙挤压墙后土体，随着位移量的增加，墙后土体对墙背的反力也逐渐增大，当达某一位移量时，墙后土体即将向上隆起，作用在墙背上的土压应力达到最大，墙后土体

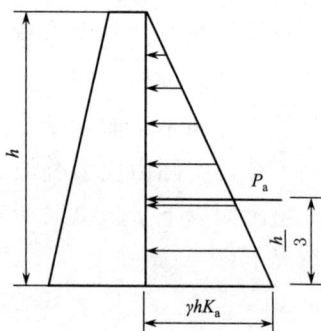

图 6-8 无黏性土的主动
土压力强度分布图

达到被动极限平衡状态。此时作用在墙背上的土压力称为被动土压力 P_p。

挡土墙在挤压土体过程中，竖向应力 σ_z 不变，而水平应力 σ_x 随着挡墙位移增加而逐渐增大，当 σ_x 超过 σ_z 时，σ_x 变为大主应力 σ_1，σ_z 则变为小主应力 σ_3，σ_x 逐渐增大，直到土体达到被动极限平衡状态，摩尔应力圆与抗剪强度包线相切，如图 6-9（b）中圆 III 所示，土体形成一系列剪切破坏面，此种状态称为朗肯被动状态。作用于墙背上水平向应力与 σ_x 大小相等、方向相反，即朗肯被动土压力强度，用 p_p 表示。

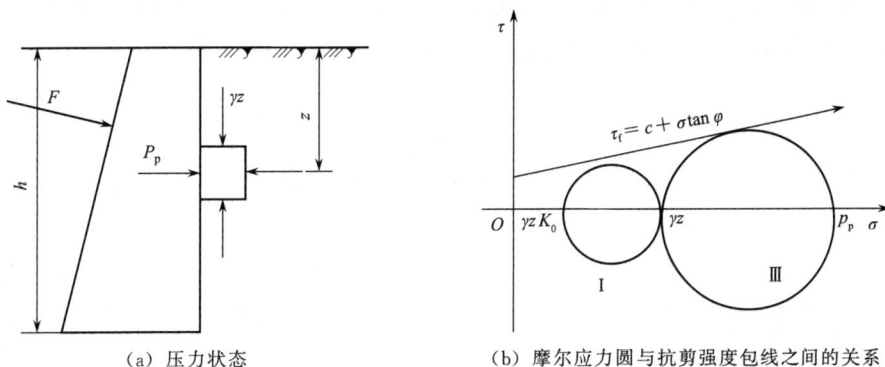

（a）压力状态　　　　　　　（b）摩尔应力圆与抗剪强度包线之间的关系

图 6-9　朗肯被动土压力

根据土的极限平衡条件的知识内容可知，当土体处于极限平衡状态时，破坏面与小主应力作用面（即水平面）的夹角为 $\alpha = 45° - \dfrac{\varphi}{2}$。

2. 计算公式

如前所述，当挡墙在外力作用下挤压土体达到朗肯被动状态时，墙背上任一深度 z 处的被动土压力强度等于极限平衡状态时的大主应力，即 $p_p = \sigma_1$，与其相应的小主应力 $\sigma_3 = \gamma z$，得出朗肯被动土压力强度。

（1）**对于黏性土。**

$$p_p = \sigma_1 = \sigma_3 \tan^2\left(45° + \frac{\varphi}{2}\right) + 2c\tan\left(45° + \frac{\varphi}{2}\right)$$

令

$$K_p = \tan^2\left(45° + \frac{\varphi}{2}\right)$$

则

$$p_p = \gamma z K_p + 2c\sqrt{K_p} \tag{6-7}$$

式中　K_p——被动土压力系数；

其余符号意义同前。

由计算公式可知，黏性土的被动土压力强度由两部分组成：一部分是由土的自重引起的侧向土压应力 $\gamma z K_p$，从填土面沿墙高呈三角形分布；另一部分是由土的黏聚力 c 引起的侧向土压应力 $2c\sqrt{K_p}$，其值沿墙高不变。

将其进行应力叠加，结果如图 6-10 所示，黏性土的被动土压应力呈梯形分布。

墙顶的土压力强度：

$$p_p = 2c\sqrt{K_p}$$

墙底的土压力强度：

$$p_p = \gamma h K_p + 2c\sqrt{K_p}$$

如取单位墙长计算，则被动土压力 P_p 为土压应力分布图形的面积，即

$$P_p = \frac{1}{2}\gamma h^2 K_p + 2ch\sqrt{K_p} \tag{6-8}$$

P_p 通过梯形压应力分布图形的形心，大家根据学过的力学知识能够计算出来。

（2）**对于无黏性土**。当土为无黏性土时，$c=0$，土压力强度 p_p 的计算公式简化为

$$p_p = \gamma z K_p \tag{6-9}$$

由公式可知，无黏性土的被动土压力强度 p_p 与 z 成正比，沿墙高呈三角形分布，如图 6-11 所示。

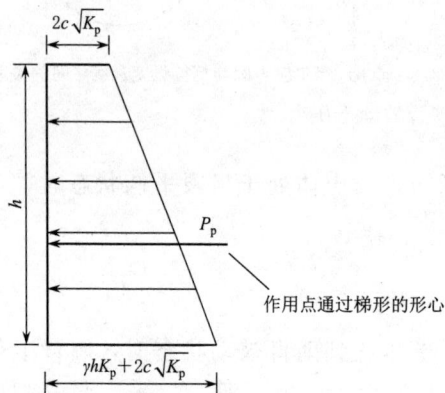

图 6-10　黏性土的被动土压力
强度分布图

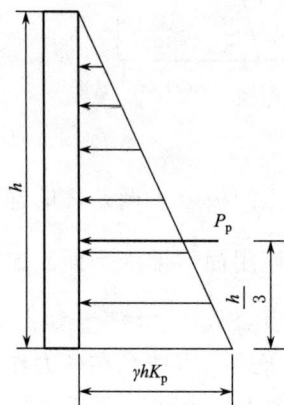

图 6-11　无黏性土的被动
土压力强度分布图

若取单位长度挡土墙进行计算，则主动土压力 P_p 为

$$P_p = \frac{1}{2}\gamma h^2 K_p \tag{6-10}$$

P_p 通过三角形的形心，作用点在距离墙底 $h/3$ 处。

这节课我们学习了朗肯主动土压力理论和朗肯被动土压力理论，此处给同学们**重点强调**，一定要在土体极限平衡理论的基础上，理解并熟记**土压力强度**的计算公式，作用于单位长度挡土墙上的土压力就是土压应力分布图形的面积，不能去死记硬背土压力的计算公式，因为在填土情况变复杂时直接用土压力的公式会出错，课后同学们可通过相关的练习进行体会。

本节课就讲到这里，同学们再见。

第 6-3 讲　常见情况的土压力计算

同学们，大家好，欢迎来到土力学慕课课堂！

上节课我们学习了朗肯土压力理论，但是实际工程中遇到的情况远远要比这个复杂得多，这一讲我们利用朗肯土压力理论来学习几种常见情况的土压力计算方法。

由于工程中作用于挡土墙上的土压力大多数是主动土压力，本节所讲内容全部以主动土压力为例。

一、填土表面有均布荷载

若墙背竖直光滑、墙后填土面水平，墙身刚性，可采用朗肯土压力理论计算作用于挡土墙上的土压力。以朗肯主动土压力为例，上一讲我们学习了朗肯主动土压力强度的计算公式，即

$$p_a = \gamma z K_a - 2c\sqrt{K_a}$$

同学们是否还记得我们推导这一公式的过程？其中 γz 是墙后水平填土面以下任意深度 z 处的竖向应力，当墙后填土面有无限延伸的均布荷载 q 作用时，如图 6-12 所示，任意深度 z 处的竖向应力变为 $\sigma_z = q + \gamma z$。

当墙后填土为黏性土时，主动土压力强度的计算公式如下：

$$p_a = (q + \gamma z)K_a - 2c\sqrt{K_a}$$

$$(6-11)$$

当 $z=0$ 时，墙顶 A 的土压力强度：

$$p_{a(A)} = qK_a - 2c\sqrt{K_a}$$

当 $z=h$ 时，墙底 B 的土压力强度：

$$p_{a(B)} = (q + \gamma h)K_a - 2c\sqrt{K_a}$$

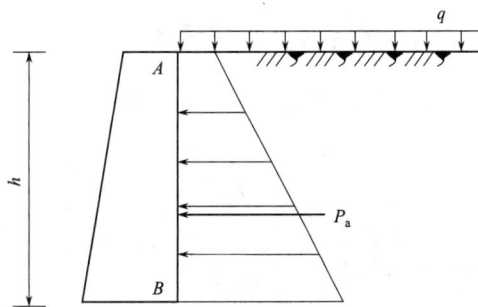

图 6-12　填土面有均布荷载的土压力计算

根据墙顶 A 的土压力强度计算式，可以判断：

（1）若 $qK_a > 2c\sqrt{K_a}$，则 $p_{a(A)} > 0$，土压应力的分布图形为梯形，如图 6-13（a）所示；

（2）若 $qK_a = 2c\sqrt{K_a}$，则 $p_{a(A)} = 0$，土压应力的分布图形为三角形，如图 6-13（b）所示；

（3）若 $qK_a < 2c\sqrt{K_a}$，则 $p_{a(A)} < 0$，土压应力在临界深度以上出现负值，表现为拉应力，如图 6-13（c）所示。此时应根据土压力强度的计算公式，按 $p_a = 0$ 求解方

程得出临界深度 z_0 的值，即

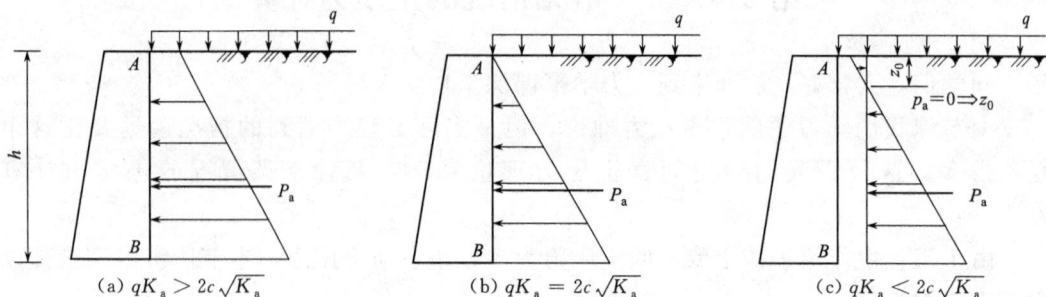

(a) $qK_a > 2c\sqrt{K_a}$ (b) $qK_a = 2c\sqrt{K_a}$ (c) $qK_a < 2c\sqrt{K_a}$

图 6-13 填土表面有均布荷载时土压力的分布

$$p_a = (q + \gamma z_0)K_a - 2c\sqrt{K_a} = 0$$

作用于挡土墙上的土压力**由临界深度 z_0 以下出现压应力的部分产生。**

无论哪一种情况，单位长度挡土墙上的**土压力均为土压应力分布图形的面积，土压力的作用点为土压应力分布图形的形心。**

由此可见，当填土面上有连续均布荷载时，其土压力强度只是在无荷载的情况下加上 qK_a 即可。

对于无黏性土的情况，由于 $c = 0$，要相对简单。

同学们还可以自行推导出有连续均布荷载时的朗肯被动土压力的计算。

二、墙后填土为成层土

如果墙后填土由不同的土层组成，如图 6-14 所示，各层土压力计算如下：

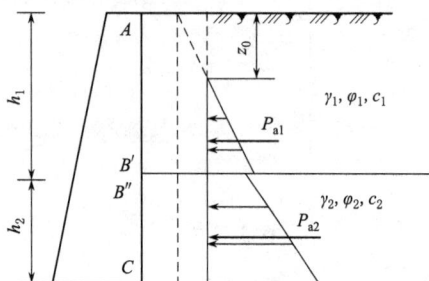

图 6-14 墙后填土为成层土时的土压力计算

第一层土的土压力仍按均质土计算。

第二层土的土压力计算时，可将第一层土的重量 $\gamma_1 h_1$ 作为超载，作用在第二层的顶面，并按**第二层的指标**进行计算。由于各土层土的性质不同，土压力系数也不相同，在土层的分界面上将出现两个土压力强度值，一个是上层底面的土压力强度，另一个是下层顶面的土压力强度。

当为多层土时，计算方法相同。黏性土的朗肯主动土压力理论：

$$p_a = \gamma z K_a - 2c\sqrt{K_a}$$

计算公式中的竖向应力 γz 是**计算点以上土层产生的自重应力**，而计算公式使用的抗剪强度指标是**计算哪一土层就使用哪一土层的 c 和 φ**，由 φ 确定土压力系数。

现以黏性土的朗肯主动土压力理论为例，如图 6-14 所示。在土体表面以下 h_1 深度处出现分层，B 点处为上下两层土的分界面，B' 为第一层土的底面处，B'' 为第二

层土的顶面处，墙背上各点土压力强度为

$$p_{a(A)} = -2c_1 \sqrt{K_{a_1}}$$

$$p_{a(B')} = \gamma_1 h_1 K_{a_1} - 2c_1 \sqrt{K_{a1}}$$

$$p_{a(B'')} = \gamma_1 h_1 K_{a_2} - 2c_2 \sqrt{K_{a2}} \qquad (6-12)$$

$$p_{a(C)} = (\gamma_1 h_1 + \gamma_2 h_2) K_{a2} - 2c_2 \sqrt{K_{a2}} \qquad (6-13)$$

B'' 已进入第二层土，剪切破坏时使用第二层土的抗剪强度指标，而此处的竖向应力仍是其上第一层土的自重产生的。**这一处的土压力强度是同学们最容易混淆的。**

求出各特征点的土压力强度之后，单位长度挡土墙上的土压力就等于土压应力的分布图形的面积。

无黏性土时，只需令上述各式中 $c_i = 0$ 即可。

三、墙后填土有地下水

填土中存在地下水时，给土压力主要带来以下三方面的影响：

（1）地下水位以下的填土重度减轻为**有效重度。**

（2）地下水位以下填土的抗剪强度将有不同程度的改变。

（3）地下水对墙背产生静水压力，**土和水均对挡土墙产生侧向压力。**

工程上一般忽略水对砂土抗剪强度指标的影响，但黏性土随着含水率的增加，其黏聚力和内摩擦角均会明显减小，主动土压力增大。因此，**一般次要工程可采取加强墙后土体的排水措施，避免水的不利影响，计算时不改变土的强度指标；**而对于重要工程，土压力计算时还应适当降低抗剪强度指标 c 和 φ 值。此外，地下水位以下土的重度取有效重度，还应考虑**地下水对挡土墙产生的静水压力。因此，作用在墙背上总的侧压力为土压力和水压力之和。**

如图 6 – 15 所示，在土体表面以下 h_1 深度处出现地下水位，以 B 点表示，仍以朗肯主动土压力理论为例，计算墙背上各点土压力强度，如下：

$$p_{a(A)} = -2c \sqrt{K_a}$$

$$p_{a(B)} = \gamma h_1 K_a - 2c \sqrt{K_a}$$

$$p_{a(C)} = (\gamma h_1 + \gamma' h_2) K_a - 2c \sqrt{K_a} \qquad (6-14)$$

地下水位以下的土层按有效重度计算。

地下水在 B 点产生的静水压力为 0，在 C 点产生的静水压力为

图 6 – 15　墙后填土有地下水时的土压力计算

$$p_{w(C)} = \gamma_w h_w$$

从水力学知识可知，静水压力随水深呈三角形分布。

同理，单位长度挡土墙上的土压力和水压力分别等于其应力的分布图形的面积。

综上，**作用在挡土墙墙背上总的侧压力为土压力和水压力之和，即**

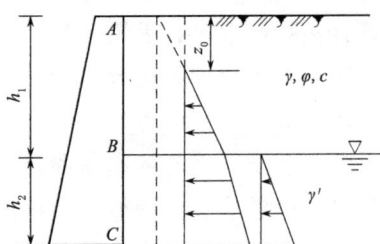

$$P = P_a + P_w \tag{6-15}$$

这种将土压力和水压力先分开计算，然后再进行叠加的方法常被称为"**水土分算**"，比较适合渗透性大的砂性土。

对于黏性土，由于其渗透性较小，在计算土压力时，将地下水位以下的土体重度取**饱和重度**，水压力的计算不再单独计算后叠加，这种方法常被称为"**水土合算**"。

以上介绍了工程中常见的三种情况单独出现时的土压力计算，而实际可能会同时出现两种或三种情况，同学们可按照以上思路，从墙顶到墙底逐步计算各特征点的土压力强度、静水压力，并绘制两者的分布图形，作用于单位长度挡土墙上的侧向压力为**土压应力**、**静水压力**分布图形的面积。

朗肯土压力理论应用于弹性半空间体的应力状态，根据土的极限平衡理论推导和计算土压力。其概念明确，计算公式简便，但由于假定墙背竖直、光滑，填土面水平，计算条件和适用范围受到限制，计算结果与实际也有出入，所得主动土压力值偏大，被动土压力值偏小。

本节课就讲到这里，感谢大家的聆听。

第6-4讲 库仑土压力理论

同学们，大家好，欢迎来到土力学慕课课堂！

针对朗肯土压力理论受到墙背竖直、光滑，填土面水平等计算条件和适用范围的限制，本节课我们来学习库仑土压力理论。

法国工程师库仑（Coulomb）对土木工程（结构、水力学、岩土工程）以及自然科学和物理学（力学、电学和磁学）等都有重要的贡献，被称为"土力学之始祖"。早在1776年，库仑就根据城堡中挡土墙设计的经验，研究在挡土墙背后土体滑动模块上的静力平衡，提出了一种土压力计算理论。由于其概念简明，且在一定条件下较为符合实际，故一直沿用至今。

库仑土压力理论是根据墙后**土体处于极限平衡状态**，并形成一滑动楔形体时，从**楔形体的静力平衡条件**得出的土压力计算理论。

库仑土压力理论的基本假定如下：

（1）墙后填土是理想的散粒体，即黏聚力 $c = 0$ 的无黏性土。

（2）滑动破坏面为通过墙踵的平面。

（3）挡土墙与滑动楔形体均视为刚性体。

与朗肯理论相比，库仑理论可以考虑墙背的倾斜角 α、填土面的倾斜角 β 以及墙背与填土间的外摩擦角 δ 等各种因素的影响。如图6-16所示，倾角为 θ 的滑动破坏面 BC 通过墙踵 B 点，库仑取墙后滑动楔形体 ABC 进行分析，当楔形体向下或向上移动，土体处于极限平衡状态时，根据静力平衡条件可求得墙背上的主动或被动土压力，土压力分析时同样沿挡土墙长度方向取 1m 进行计算。

一、库仑主动土压力理论

当楔形体 ABC 向下滑动处于极限平衡状态时，作用在楔形体上的力有楔形体重力 G、BC 面反力 R 以及挡土墙的墙背反力 P，如图 6-16（a）所示。

（1）楔形体重力 G。由楔形土体 ABC 自身重力引起，只要破坏面 BC 的位置确定，G 的大小就是已知的，方向向下。

$$G = \gamma V_{ABC}$$

（2）BC 滑动面反力 R。BC 滑动面的反力 R 大小未知，由于是土体与土体之间的内部滑动，方向与滑动面 BC 的法线方向成 φ 角，当楔形体下滑时，母体对其阻力是向上的，故 R 位于法线的下侧，φ 为土体的**内摩擦角**。

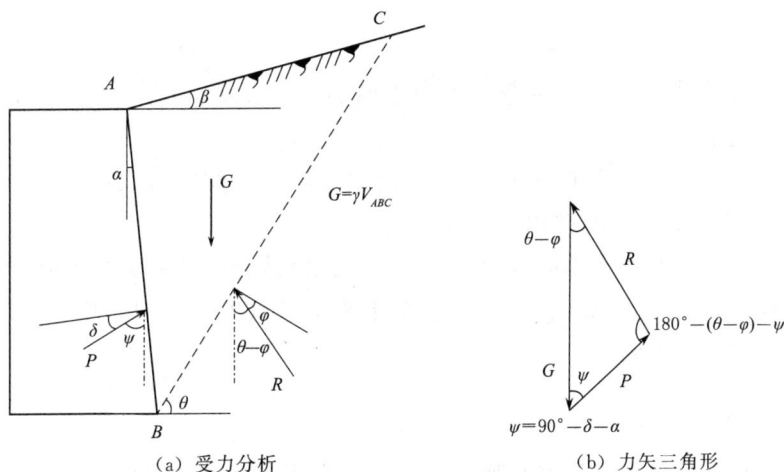

（a）受力分析　　　　　　　（b）力矢三角形

图 6-16　库仑主动土压力理论

（3）墙背反力 P。墙背反力 P 与作用在墙背上的土压力大小相等，方向相反，其大小未知。由于是土体与墙之间的外部滑动，作用方向与墙背的法线成 δ 角，当楔形体下滑时，墙对其阻力是向上的，故 P 也位于法线的下侧，δ 为墙背与填土间的摩擦角，称为**外摩擦角**。

楔形土体 ABC 在上述三力作用下处于静力平衡状态，因此三力必构成闭合的力矢三角形，如图 6-16（b）所示，根据几何关系可知，G 与 R 之间的夹角为（$\theta - \varphi$）；G 与 P 之间的夹角 $\psi = 90° - \delta - \alpha$，其中 δ 与 α 为已知量；根据三角形的内角和为 $180°$ 可知，P 与 R 之间的夹角为 $180° - （\theta - \varphi） - \psi$。由正弦定理得

$$\frac{P}{\sin(\theta - \varphi)} = \frac{G}{\sin[180° - (\theta - \varphi) - \psi]}$$

进而推出墙背反力 P：

$$P = \frac{G\sin(\theta - \varphi)}{\sin(\theta - \varphi + \psi)} \tag{6-16}$$

上式中 α、φ 及 δ 都是已知的，而楔形体滑动面 BC 与水平面的夹角 θ 是任意假定的，自重 G 也是 θ 的函数，因此，假定不同的滑动面可以得出一系列相应的土压力 P 值，即 P 是 θ 的函数。

用微分学中求极值的方法求得 P 的极大值，令

$$\frac{\mathrm{d}P}{\mathrm{d}\theta} = 0$$

从而解得 P 为极大值时填土的破坏角，这才是真正滑动破坏面的倾角。经整理可得库仑主动土压力的一般表达式如下：

$$P_a = \frac{1}{2}\gamma h^2 \frac{\cos^2(\varphi - \alpha)}{\cos^2\alpha\cos(\alpha + \delta)\left[1 + \sqrt{\dfrac{\sin(\varphi + \delta)\sin(\varphi - \beta)}{\cos(\alpha + \delta)\cos(\alpha - \beta)}}\right]^2}$$

$$= \frac{1}{2}\gamma h^2 K_a \tag{6-17}$$

式中　K_a——库仑主动土压力系数，可由上面的公式计算，也可根据 α、β、φ 和 δ 进行查表取值；

　　　α——墙背与竖直线的夹角，(°)，俯斜时取正，仰斜时取负；

　　　β——墙后填土面的倾角，(°)；

　　　δ——土与墙背材料间的外摩擦角，(°)，由试验或按相关规范确定。

当墙背直立（$\alpha = 0$）、光滑（$\delta = 0$）、填土面水平（$\beta = 0$）时，库仑主动土压力系数 K_a 变为

$$K_a = \tan^2\left(45° - \frac{\varphi}{2}\right)$$

同学们是不是很熟悉这个系数呢，对了，这就是之前我们学习过的朗肯主动土压力系数。满足朗肯理论假设时，库仑理论与朗肯理论的主动土压力计算公式相同。

墙顶以下任意深度 z 以上的主动土压力为

$$P_a = \frac{1}{2}\gamma z^2 K_a \tag{6-18}$$

将上式对 z 求导数，得到主动土压力强度沿墙高的分布计算公式如下：

$$p_a = \frac{\mathrm{d}P_a}{\mathrm{d}z}$$

$$= \frac{\mathrm{d}}{\mathrm{d}z}\left(\frac{1}{2}\gamma z^2 K_a\right)$$

$$= \gamma z K_a \tag{6-19}$$

库仑主动土压力强度沿墙高呈三角形分布，土压力作用点在距墙底 $h/3$ 处，作用方向与墙背法线的夹角为外摩擦角 δ，且位于法线下侧。

二、库仑被动土压力理论

当挡土墙在外力作用下挤压土体，楔形体沿破坏面向上滑动而处于极限平衡状态

时，由于楔形体上滑，墙背反力 P 和 BC 滑动面的反力 R 均位于法向线的上侧，同理可得作用于其上的三个力构成力矢三角形，如图 6-17 所示。

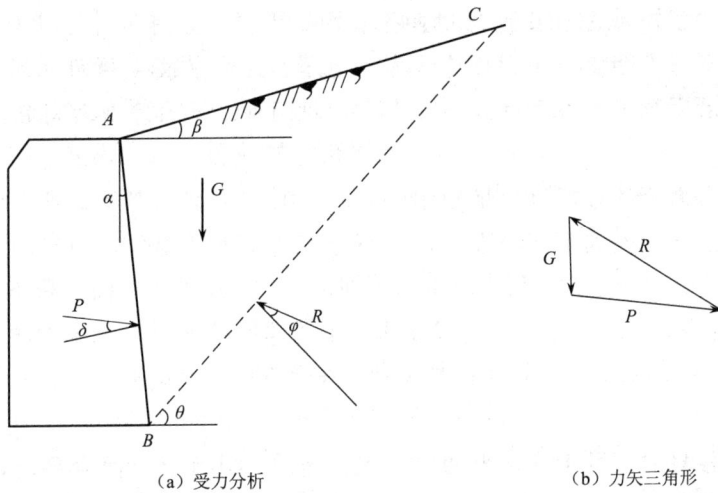

（a）受力分析　　　　　　（b）力矢三角形

图 6-17　库仑被动土压力理论

按求主动土压力相同的方法求得被动土压力 P_p 的库仑公式如下：

$$P_p = \frac{1}{2}\gamma h^2 \frac{\cos^2(\varphi+\alpha)}{\cos^2\alpha\cos(\alpha-\delta)\left[1-\sqrt{\dfrac{\sin(\varphi+\delta)\sin(\varphi+\beta)}{\cos(\alpha-\delta)\cos(\alpha-\beta)}}\right]^2}$$

$$= \frac{1}{2}\gamma h^2 K_p \tag{6-20}$$

式中　K_p——库仑被动土压力系数，是 α、β、φ、δ 的函数，可查表取值。

当墙背直立（$\alpha=0$）、光滑（$\delta=0$）、填土面水平（$\beta=0$）时，库仑被动土压力系数 K_p 变为

$$K_p = \tan^2\left(45°+\frac{\varphi}{2}\right)$$

显然，当满足朗肯理论条件时，库仑理论与朗肯理论的被动土压力计算公式也相同。由此可见，朗肯理论实际上是库仑土压力理论的特例。

同理，墙顶以下任意深度 z 处的库仑被动土压力强度计算公式如下：

$$p_p = \frac{\mathrm{d}P_p}{\mathrm{d}z} = \frac{\mathrm{d}}{\mathrm{d}z}\left(\frac{1}{2}\gamma z^2 K_p\right) = \gamma z K_p \tag{6-21}$$

被动土压力强度沿墙高也呈三角形分布，被动土压力 P_p 的作用点距墙底 $h/3$，作用方向与墙背法线夹角为外摩擦角 δ，且位于法线上侧。

库仑土压力理论就讲到这里，感谢大家的聆听。

第 6 - 5 讲　朗肯理论与库仑理论的比较

同学们，大家好，欢迎来到土力学慕课课堂！

前面我们学习了朗肯土压力理论与库仑土压力理论，这两种理论都是经典的土压力理论，一直沿用至今。下面从以下几个方面对两种土压力理论做简单比较。

1. 计算原理

朗肯土压力理论从分析墙后填土中任意一点的应力状态出发，求出作用于墙背上的主动土压力强度和被动土压力强度，进而计算土压力强度分布图形的面积，最终求得 1 延米挡土墙上的土压力。而库仑土压力理论假定滑动面为平面，分析墙后楔形滑动刚体处于极限平衡状态并符合静力平衡条件，直接求得作用在墙背上的主动土压力和被动土压力，通常所用的土压力强度计算公式，是总土压力对墙高进行微分得来的。

2. 假设条件

两者都有各自的假设条件，当墙背铅直、光滑，墙后填土面水平时，对于无黏性填土，用两种分析方法算出的主动土压力和被动土压力均相同，但大多数情况下应考虑它们各自的适用范围。

朗肯土压力理论比较严谨，但只能在理想的简单边界条件下求解，应用上受到了一定的限制。库仑土压力理论能适用于较为复杂的实际边界条件，而且在一定范围内能得出比较满意的结果，因此应用相对更广。

3. 填土条件

朗肯土压力理论仅适用于墙后填土面为水平面的情况，而库仑理论对于填土面是水平面或倾斜面均适用。

朗肯土压力理论对无黏性土和黏性土均适用，而库仑理论则是在假定填土为无黏性土的条件下推求的。所以对于黏性填土，用朗肯土压力公式可以直接计算，而库仑理论却不能，需要用等效内摩擦角的办法考虑黏聚力的影响后再计算黏性土的土压力，往往误差比较大。

一般说来，填土的内摩擦角 φ 和黏聚力 c 越大，主动土压力越小，被动土压力越大。

4. 墙背条件

朗肯土压力理论仅适用于挡土墙墙背铅直、光滑的情况，且不考虑墙背与填土之间的摩擦影响，计算出的主动土压力偏大，被动土压力偏小；而库仑理论考虑了墙背实际的粗糙程度，主动土压力的计算结果比较符合实际，但被动土压力与实测值误差较大。因此，主动土压力用库仑理论的结果较为经济，但在工程设计中常用朗肯理论计算，这是因为朗肯理论的计算公式简便，计算结果偏大，工程上来说偏于安全。

同时，库仑理论还反映了墙背倾角的情况，重力式挡土墙墙背按倾斜情况可分为仰斜、直立、俯斜三种形式，主动土压力以仰斜式最小，直立居中，俯斜式最大。

两种理论的比较以列表的形式进行总结，见表 6-1。

表 6-1 朗肯土压力理论与库仑土压力理论的比较

项　目	朗 肯 土 压 力 理 论	库 仑 土 压 力 理 论
计算原理	半空间土体的应力状态、土的极限平衡条件	土的极限平衡条件、滑动楔形体的静力平衡条件
假设条件	（1）挡土墙墙背铅直、光滑； （2）墙后填土面水平并无限延伸； （3）墙身刚性	（1）墙后的填土是理想的散粒体，即无黏性土； （2）滑动破坏面为一通过墙踵的平面； （3）挡土墙与滑动楔体均为刚性体
填土条件	（1）适用于墙后填土面为水平面； （2）适用于黏性土和无黏性土	（1）填土面是水平面或倾斜面均适用； （2）直接适用于无黏性土
墙背条件	忽略了墙背与填土之间的摩擦力，主动土压力偏大，被动土压力偏小	考虑了墙背与土之间的摩擦力，可用于墙背倾斜的情况

挡土墙土压力计算是土力学学科中比较复杂的问题之一，还有很多问题有待于进一步研究。朗肯理论和库仑理论都是计算土压力问题的简化方法，它们有各自不同的假设条件、分析方法和适用范围，在应用时应注意根据实际情况合理选用。

本节课就讲到这里，感谢大家的聆听。

第6-6讲　重力式挡土墙的稳定性分析

同学们，大家好，欢迎来到土力学慕课课堂！

之前我们学习了作用于挡土墙上土压力的计算理论和方法，今天我们来学习常见的重力式挡土墙及对挡土墙的稳定性分析。

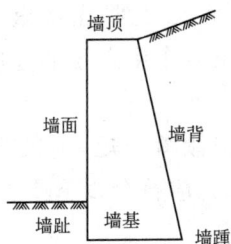

图 6-18　重力式挡土墙

重力式挡土墙是一种常用的挡土结构，它以挡土墙自身的重力来维持在土压力、水压力作用下的稳定。重力式挡土墙通常采用浆砌或干砌片石、混凝土、毛石混凝土、钢筋混凝土等材料筑成，一般都做成简单的梯形断面，它具有结构简单，就地取材，施工方便，经济效果好等优点。

如图 6-18 所示，重力式挡土墙包括墙顶、墙基、墙面、墙背、墙趾、墙踵等。重力式挡土墙根据其墙背的倾斜情况分为**仰斜式、直立式**和**俯斜式**三种形式，如图 6-19 所示。

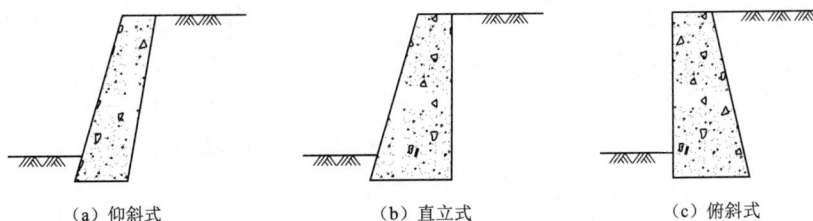

（a）仰斜式　　　　　（b）直立式　　　　　（c）俯斜式

图 6-19　重力式挡土墙墙背的倾斜情况

根据工程实践经验，重力式挡土墙的破坏通常有下列**五种基本模式**：

（1）整体滑动破坏，墙体连同其后土体一起发生滑坡破坏。

（2）墙体倾覆破坏，墙体围绕墙趾发生转动倾覆。

（3）墙体水平滑移破坏，墙体沿着墙基底面发生滑动。

（4）地基承载力不足，变形过大，墙体丧失支撑作用。

（5）挡土墙墙体强度不够，墙体断裂破坏。

重力式挡土墙以上五种基本破坏模式，决定了在重力式挡土墙的设计计算过程中必须包括下列内容：

（1）整体滑动验算。

（2）**抗倾覆稳定性验算**。

（3）**抗滑移稳定性验算**。

（4）地基承载力验算。

（5）墙身的强度验算。

在上述验算内容中，整体滑动验算可根据后续章节中土坡稳定验算的方法进行；地基承载力验算可参考基础设计中的地基承载力验算，有关墙身强度的验算应根据墙身材料，分别按砌体结构、素混凝土结构或钢筋混凝土结构的有关计算方法进行。本讲我们来学习挡土墙的**抗倾覆稳定性验算**以及**抗滑移稳定性验算**方法。

一、抗倾覆稳定性验算

图 6-20 为重力式挡土墙，其断面各尺寸如图所示。α 为挡土墙墙背与水平面的夹角，α_0 为挡土墙墙基的倾角，b 为基底的水平投影宽度，挡土墙在自重 G 和主动土压力 P_a 作用下可绕墙趾 O 点转动倾覆，x_0 为挡土墙重心至墙趾的水平距离，z 为土压力作用点至墙踵的铅垂距离。

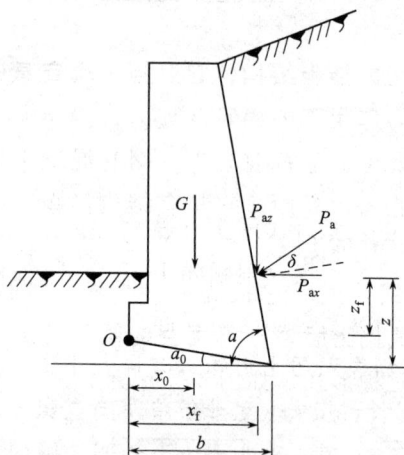

图 6-20 重力式挡土墙抗倾覆
稳定性验算

O 点的抗倾覆力矩 M_1 与倾覆力矩 M_2 之比称为**抗倾覆稳定安全系数** K_t，应符合以下要求：

$$K_t = \frac{M_1}{M_2}$$

$$= \frac{Gx_0 + P_{az}x_f}{P_{ax}z_f} \geqslant 1.6 \qquad (6-22)$$

其中

$$P_{az} = P_a \cos(\alpha - \delta)$$

$$P_{ax} = P_a \sin(\alpha - \delta)$$

$$x_f = b - z \cot\alpha$$

$$z_f = z - b \tan\alpha_0$$

式中　G——挡土墙每延米的自重，kN/m；

P_{az}、P_{ax}——主动土压力 P_a 在垂直方向的分量和水平方向的分量，kN/m；

　δ——土对挡土墙墙背的外摩擦角，(°)；

　x_f——土压力作用点离 O 点的水平距离，m；

　z_f——土压力作用点离 O 点的铅垂距离，m。

各数据代入到抗倾覆稳定安全系数 K_t 进行验算，若验算结果不能满足抗倾覆验算的要求时，可按以下措施进行处理：

（1）增大挡土墙断面尺寸，G 增大，抗倾覆力矩 M_1 随之增大，但此时工程量也会增大。

（2）加大挡土墙重心至墙趾的水平距离 x_0，即伸长墙趾，进而增大抗倾覆力矩 M_1。

（3）墙背做成仰斜式，可减小土压力的作用。

（4）垂直挡土墙的墙背做成卸荷台，如图 6-21 所示，形状如牛腿或加预制的卸荷板。平台以上土压力不能传到平台以下，总土压力减小，抗倾覆稳定性加大。

总之，若抗倾覆验算的结果不满足要求时，所遵循的调整原则是：**增大抗**

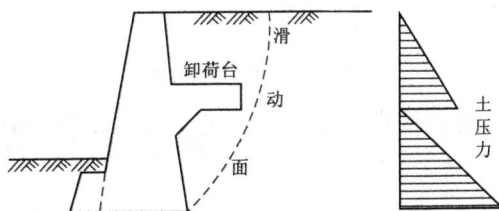

图 6-21　重力式挡土墙墙背的卸荷台

倾覆稳定安全系数计算公式中的分子，即增大抗倾覆力矩 M_1，比如上述措施中的第（1）条和第（2）条；或者**减小计算式中的分母，即减小抗倾覆力矩 M_2**，比如第（3）条和第（4）条，直到满足要求为止。

二、抗滑移稳定性验算

挡土墙在自重 G 和主动土压力 P_a 作用下可能会沿着墙基底面发生滑动。在滑移稳定性验算中，将 G 和 P_a 都分解为垂直于基底的分力和平行于基底的分力，如图 6-22 所示。

抗滑力与滑动力之比称为**抗滑稳定安全系数 K_s**，应符合下式要求：

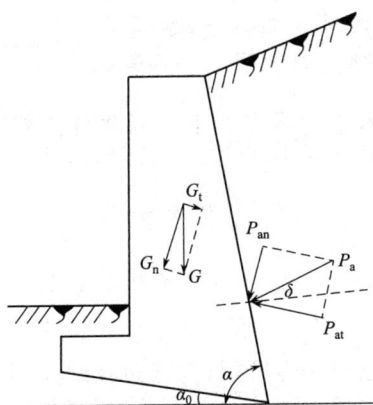

图 6-22　重力式挡土墙抗滑移稳定性验算

$$K_s = \frac{抗滑力}{滑动力}$$

$$= \frac{(G_n + P_{an})\mu}{P_{at} - G_t} \geqslant 1.3 \quad (6-23)$$

其中

$$G_n = G\cos\alpha_0$$

$$G_t = G\sin\alpha_0$$

$$P_{an} = P_a\cos(\alpha - \alpha_0 - \delta)$$

$$P_{at} = P_a\sin(\alpha - \alpha_0 - \delta)$$

式中　G_n、G_t——挡土墙自重在垂直和平行于基底平面方向的分力；

P_{an}、P_{at}——主动土压力 P_a 在垂直和平行于基底平面方向的分力；

μ——土对挡土墙基底的摩擦系数，按表 6-2 确定。

表 6-2　　　　　　　　　　　不同土对挡土墙基底的摩擦系数

土 的 类 别	土 的 状 态	摩擦系数 μ
黏性土	可塑	0.25～0.30
	硬塑	0.30～0.35
	坚硬	0.35～0.45
粉土		0.30～0.40
中砂、粗砂、砾砂		0.40～0.50
碎石土		0.40～0.60
软质岩		0.40～0.60
表面粗糙的硬质岩		0.65～0.75

若抗滑移验算不能满足要求时，应采取措施以提高其抗滑力，常用以下措施加以解决：

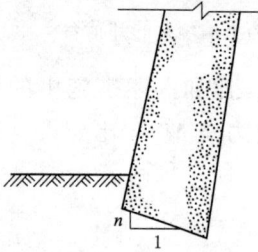

图 6-23　挡土墙基底
设置逆坡

（1）修改挡土墙断面尺寸，加大 G 值。

（2）挡土墙底面做成砂、石垫层，提高 μ 值。

（3）挡土墙底做成逆坡，如图 6-23 所示，利用滑动面上部分反力来抗滑。

（4）在软土地基上，可在墙踵后加拖板，利用拖板上的土重来抗滑，拖板与挡土墙之间应用钢筋连接。

（5）加大墙前的被动土压力，可加载或投放抛石等。

总之就是想办法增加抗滑力，减小滑动力。

若挡土墙的墙后土体在自然或人为因素作用下出现了失稳破坏，可能会产生非常严重的后果，甚至危及人的生命及财产安全。正因为如此，挡土墙设计时必须保证其安全可靠。

同学们，本节课就讲到这里，我们本章的学习内容也完成了，下节课将开启新一章的内容，同学们再见。

第7章 土坡稳定性分析

第7-1讲 概 述

同学们，大家好，欢迎来到土力学慕课课堂！

本章我们来认识土坡，并学习土坡的稳定性分析，本章教学重点为：①无黏性土坡稳定性分析，包括有渗流和无渗流两种；②黏性土边坡稳定性分析，主要讲解瑞典条分法。

一、认识土坡

大家平时都见到过大大小小的土坡，我们来给土坡一个定义：**土坡就是具有倾斜坡面的土体**。由地质作用自然形成的边坡，如山坡、河流岸坡等称为**天然土坡**；经过人工开挖、填筑的土工建筑物，如土坝、基坑、渠道、路堤等边坡，称为**人工土坡**。

土坡的简单形状如图7-1所示，包括坡底、坡脚、坡面、坡肩、坡顶，土坡还有两个重要的要素，即**坡角**和**坡高**。

二、土坡失稳

在重力作用下，土坡有向下、向外滑动的趋势。土坡在一定范围内整体沿某一滑动面向下和向外移动，丧失其稳定性的现象称为土坡失稳，通常也称为**滑坡**。简单来说就是一部分土体相对于另一部分母体产生了滑动，土坡失稳常常在一定不利

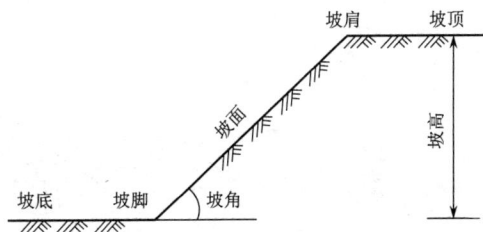

图7-1 简单土坡示意图

因素的影响下触发和加剧，可以概括为外在和内在两个因素。

（1）外在因素。土体破坏通常是剪切破坏，当作用于土坡滑动面上的剪应力增加时，土坡有可能会滑动失稳。比如坡顶荷载增加，作用于滑动面上的剪应力增大。

（2）内在因素。指土体自身抗剪强度的降低，就像人体自身的免疫力降低后，在同样的环境中更容易遭受到病毒的侵害。土坡自身抗剪强度又是如何降低的呢？我们知道土体黏聚力 c 和内摩擦角 φ 是决定土体抗剪强度的两个指标，当土体的含水率增加，土体抗剪强度指标就会降低；或者土体本身的结构破坏，起初形成细微裂缝，进而将土体分割成许多小块，不利于稳定。

总之，根本原因可以概括为，土坡某一面上的剪应力达到了土体的抗剪强度，土

坡即将失稳。

土坡稳定性分析属于土力学中的土体稳定问题，在实际工程中具有非常重要的作用，属于土力学研究的三大问题之一。

由于天然土坡各式各样，构成土坡的土质也不均质单一，地质情况复杂多变，所以分析起来非常复杂，本章主要介绍简单土坡稳定性分析方法。**简单土坡**指土坡的坡度不变，顶面和底面水平，土质均匀，没有地下水影响，如图 7-1 所示。对于稍复杂的土坡，工程上由此引申进行分析。

同学们，今天我们认识了简单土坡，了解了土坡失稳的原因。

本讲就到这里，感谢大家的聆听。

第 7-2 讲　无黏性土边坡的稳定性分析

同学们，大家好，欢迎来到土力学慕课课堂！

本节课我们来学习无黏性土边坡的稳定性分析，无黏性土边坡指构成土坡的土体是常说的砂土、卵石、砾石等，此类土的黏聚力 $c=0$，即土颗粒之间无黏聚力存在。

图 7-2 为坡角为 β 的无黏性土构成的土坡。由于无黏性土的土颗粒之间不存在黏聚力，只要位于坡面上的各土粒能够保持稳定状态不向下滑，该土坡就是稳定的。由此可以看出，如若失稳，坡面上土粒先向下滑动，其滑动面近似于平面。

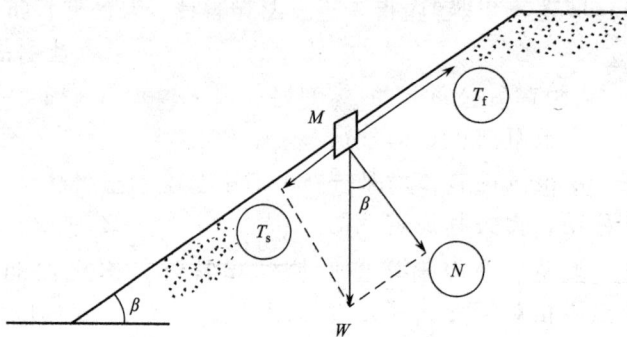

图 7-2　无黏性土边坡的稳定性

下面我们分两种情况讨论边坡的稳定性。

一、无渗流作用

无渗流作用指土坡处于地下水位以上的干坡，或完全处于静水位以下这两种情况，坡体内无渗透水流作用。

以无黏性均质土坡为例进行分析。设坡面上一微小单元土体 M，所受重力为 W，进行受力分析可知，重力 W 沿坡面的切向分力平行于坡面向下，使微土体 M 向下滑动，即**滑动力**，用 T_s 表示，其大小为

$$T_s = W \sin\beta$$

同时，重力 W 还分解为垂直于坡面的法向分力 N，其大小为

$$N = W \cos\beta$$

法向分力 N 在坡面上引起的摩擦力平行于坡面向上，与滑动力方向相反，阻止土颗粒下滑，即**抗滑力**，用 T_f 表示。由于无黏性土黏聚力 $c = 0$，抗滑力 T_f 的大小为

$$T_f = N \tan\varphi = W \cos\beta \tan\varphi$$

式中　φ——无黏性土的内摩擦角，(°)，$\tan\varphi$ 相当于物理学中宏观物体的摩擦系数。

抗滑力与滑动力之比称为**稳定安全系数**，用 F_s 表示，其表达式如下：

$$
\begin{aligned}
F_s &= \frac{T_f}{T_s} \\
&= \frac{W \cos\beta \tan\varphi}{W \sin\beta} \\
&= \frac{\tan\varphi}{\tan\beta}
\end{aligned}
\tag{7-1}
$$

从上式可以看出，当 $F_s \geqslant 1$ 时，即 $\beta \leqslant \varphi$，土坡是稳定的。工程中为了保证土坡具有足够的安全储备，需根据边坡工程的安全等级进行取值，《建筑边坡工程技术规范》（GB 50330—2013）指出，按照边坡工程安全等级不同，稳定安全系数可取 1.05～1.35。

当土坡的稳定安全系数 $F_s = 1$ 时，土坡处于极限平衡状态，由式（7-1）可知，土坡稳定时，极限坡角 β_f 等于无黏性土内摩擦角 φ，极限坡角 β_f 称为天然**休止角**或**静止角**。

讲到这里，我们来思考一下，无黏性土边坡稳定性与哪些因素有关呢？

从稳定安全系数公式可以看出，**无黏性土边坡稳定性与坡高 H 无关，仅与坡角 β 有关**。

进一步思考，工程实践中，如何简便快捷确定无黏性土的内摩擦角呢？

大家小时候是否在砂堆上玩耍过呢？同学们从上述所讲的土坡处于稳定时的极限坡角 β_f 来考虑一下吧。

二、有渗流作用

在实际工程中，当边坡内外出现水位差时，比如基坑降水，土石坝内水位下降等情况，土坡内部形成渗流场，土坡稳定性降低。

根据土坡稳定安全系数 F_s 为

$$F_s = \frac{T_f}{T_s}$$

如图 7-3 所示，有渗流作用时坡面上微小土体 M，受到水浮力作用，其重力由原来无渗流时 W 减小到有效重力 W'，同时还受到渗透水流作用力 J，毫无疑问，渗透水流增大了微土体 M 向下的滑动力，同时减少了其抗滑力。

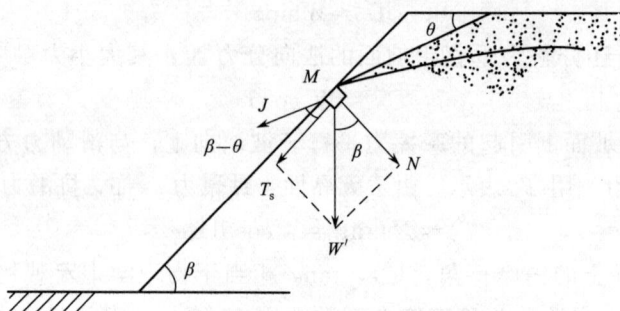

图 7 - 3　有渗流时无黏性土边坡的稳定性

渗透水流施加于单位体积土体上的拖曳力为渗透力 j，渗透力 $j = J/V = i\gamma_w$，V 为微土体 M 的体积。

根据力的分解，将微土体 M 上的作用力 W' 和 J 分解为平行于坡面方向和垂直于坡面方向，则

滑动力 T_s 为

$$T_s = W'\sin\beta + J\cos(\beta - \theta) = \gamma'V\sin\beta + i\gamma_w V\cos(\beta - \theta)$$

抗滑力 T_f 为

$$T_f = [W'\cos\beta - J\sin(\beta - \theta)]\tan\varphi = [\gamma'V\cos\beta - i\gamma_w V\sin(\beta - \theta)]\tan\varphi$$

式中　θ——渗流方向与水平线的夹角，根据几何关系，渗透方向与坡面的夹角为 $(\beta - \theta)$；

W'——土扣除浮力后的有效重力，kN；

γ'——土的有效重度，kN/m^3；

γ_w——水的重度，kN/m^3；

其余符号意义同前。

如果水流在溢出段是顺坡面流动的，那么逸出处渗流方向与坡面平行，此时 $\theta = \beta$。

所以渗透水流作用于无黏性土坡的稳定安全系数 F_s 为

$$F_s = \frac{T_f}{T_s}$$

$$= \frac{\gamma'\cos\beta\tan\varphi}{\gamma'\sin\beta + \gamma_w i} \tag{7-2}$$

因为是顺坡出流，所以水力坡降 i 近似等于 $\sin\beta$，上述表达式可简化为

$$F_s = \frac{\gamma'\cos\beta\tan\varphi}{\gamma'\sin\beta + \gamma_w\sin\beta}$$

$$= \frac{\gamma'\tan\varphi}{\gamma_{sat}\tan\beta} \tag{7-3}$$

从上述推导过程可以看出，**当坡面有渗流时，有效重度约是饱和重度的 1/2，无**

黏性土稳定安全系数降低约一半，所以坡度必须减缓，即坡角 $\beta \leqslant \arctan\left(\dfrac{1}{2}\tan\varphi\right)$ 才能保持稳定。

本讲就到这里，感谢大家的聆听。

第7-3讲　黏性土边坡的稳定性分析

同学们，大家好，欢迎来到土力学慕课课堂！

上节课我们学习了无黏性土边坡稳定性分析，知道了无黏性土边坡滑动破坏面为一平面，本节课我们接着学习黏性土边坡稳定性分析。

黏性土抗剪强度由黏聚力和内摩擦力两部分构成。由于黏聚力的存在，黏性土坡不会像无黏性土坡一样沿坡体表面滑动，在土体内部，滑动破坏面也不是平面。通过观察滑坡体的断面形态发现，滑动面与圆弧相似，因此，在工程设计中常假定土坡滑动面为圆弧面。建立在这一假定上的稳定分析方法称为圆弧滑动法，是极限平衡法的一种常用分析方法。

首先，我们从比较简单的整体圆弧法开始学习。

一、整体圆弧滑动法

根据工程实践经验，均质黏性土边坡失稳时，一般在破坏前，坡顶先有裂缝发生，继而沿某一曲线产生整体滑动。对均质黏性土土坡而言，通常滑动曲面接近圆弧，简称滑弧。在理论计算时，圆弧面上只能采用**力矩平衡**分析，这与平面滑动不同。

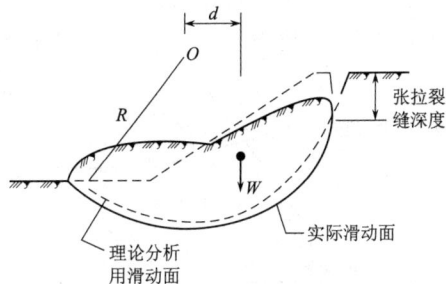

图7-4　均质黏性土土坡滑动面示意图

瑞典的彼得森（K. E. Petterson）于1915年采用整体圆弧滑动法分析了边坡稳定性，此后，该方法在世界各国土木工程界得到了广泛应用。所以，整体圆弧滑动法也叫**瑞典圆弧法**。图7-4为均质黏性土土坡，它可能会沿虚线圆弧面发生滑动失稳，滑动土体绕虚拟圆心 O 发生转动。这里把滑动土体当成刚体，其所受重力 W 提供滑动力，使滑动土体绕圆心 O 旋转。

滑动力矩 M_s 为

$$M_s = Wd$$

抗滑力矩 M_R 由滑动圆弧面上抗剪强度 τ_f 提供，即

$$M_R = \tau_f \widehat{L} R$$

式中　d——通过滑动土体重心与圆心 O 点的水平距离，即滑动力臂，m；

$\widehat{L}$——滑动圆弧面弧长，m；

R——滑动圆弧面所对应的滑动半径，m。

黏性土边坡在弧面上产生滑动破坏时，其**稳定安全系数 F_s** 为滑动面上的抗滑力矩 M_R 与滑动力矩 M_s 之比，即

$$F_s = \frac{M_R}{M_s} = \frac{\tau_f \widehat{L} R}{Wd} \tag{7-4}$$

饱和黏性土不排水条件下，内摩擦角 $\boldsymbol{\varphi = 0}$，此时抗剪强度只由黏聚力提供，即

$$\tau_f = c_u$$

则：

$$F_s = \frac{M_R}{M_s} = \frac{c_u \widehat{L} R}{Wd} \tag{7-5}$$

式中　c_u——饱和黏性土的不排水抗剪指标，提供抗剪强度，kPa。

c_u 可用之前学习的三轴不固结不排水剪试验求出，也可由无侧限抗压强度试验或现场十字板剪切试验测得。

式（7-5）为整体圆弧滑动法分析边坡稳定系数计算公式，只适用于 $\varphi = 0$ 的情况，**即仅适用于饱和软黏土的不排水情况**。若 $\varphi > 0$，则抗滑力与滑动面上的法向力有关，需要用后续的条分法来进行分析。

二、费伦纽斯法

前面在讲解整体圆弧法求解稳定安全系数 F_s 时，是任意假定的某个滑动面，而我们需要求最危险滑动面相对应的最小安全系数，只有保证最危险滑动面安全，才能保证整个土坡安全，这类似于一条自行车链条，只有最薄弱的扣环不断裂，才能说明整个链条没有被破坏。因此，对于最危险滑动面的寻找，通常需要假定一系列滑动面，并进行多次试算。费伦纽斯（Fellenius）通过大量计算，提出确定最危险滑动面圆心的**经验方法**，至今仍被使用。

首先根据坡角 β 以及坡高 H，按比例绘出土坡剖面图，如图 7-5 所示。

费伦纽斯认为，对于**均质黏性土坡**，其最危险滑动面通过坡脚。对于饱和黏性土不排水条件下，其内摩擦角 $\boldsymbol{\varphi = 0}$，圆心位置由图 7-5 中 AO 和 BO 两直线交点来确定，β_1、β_2 根据坡角 β 由表 7-1 查出。

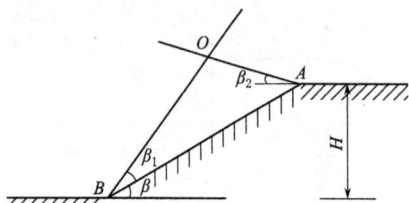

图 7-5　$\varphi = 0$ 时，最危险滑动面圆心的确定

表 7-1　　　　　　　　　最危险滑动面圆心位置对应的 β_1 和 β_2 数值

坡角 β	坡度 $1:m$（垂直：水平）	β_1	β_2
60°	1：0.58	29°	40°
45°	1：1.0	28°	37°

续表

坡角 β	坡度 $1 : m$（垂直：水平）	β_1	β_2
$33°41'$	$1 : 1.5$	$26°$	$35°$
$26°34'$	$1 : 2.0$	$25°$	$35°$
$18°26'$	$1 : 3.0$	$25°$	$35°$
$14°03'$	$1 : 4.0$	$25°$	$36°$
$11°19'$	$1 : 5.0$	$25°$	$37°$

对于 $\varphi > 0$ 的黏性土，最危险滑动面的圆心位置会向图 7 - 6 中 EO 的外上方移动。O 点的位置确定与上述方法一样，取决于坡角 β，查表 7 - 1 确定即可；E 点位于坡顶下 $2H$ 深处，在土坡内部距离坡脚的水平距离为 $4.5H$。在 EO 延长线上选几个试算圆心 O_1，O_2，O_3，…，分别作通过坡角的滑弧，并求出对应的抗滑稳定安全系数 F_{s1}，F_{s2}，F_{s3}，…；用适当的比例尺将一系列安全系数标在相应圆心点上，连成安全系数的变化曲线，通过绘制曲线找出最小值，即为所求的最危险滑动面圆心 O_n 和土坡的稳定安全系数 $F_{s,\min}$。

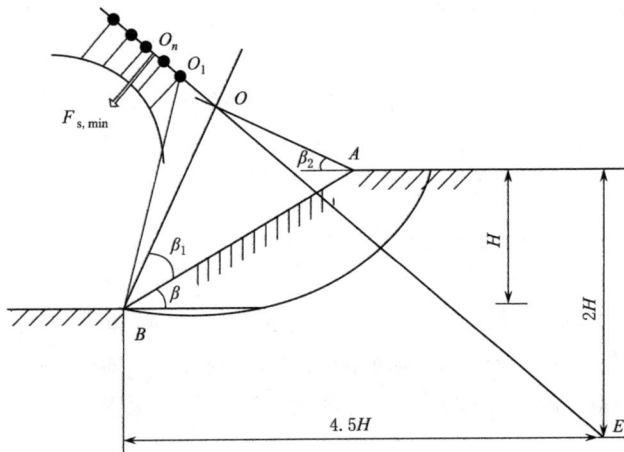

图 7 - 6　$\varphi > 0$ 时，最危险滑动面圆心的确定

但是真正的最危险滑弧圆心并不一定在 OE 线方向上，因此这样确定的圆心 O_n 还不太可靠，尚需自 O_n 作 EO 的垂线，在其上再取若干个点作为圆心进行计算比较，找出最小的稳定安全系数所对应的圆心，才能确定土坡最小的稳定安全系数及最危险滑动面，**土坡设计时要保证最危险滑动面安全，土坡才能安全**。

三、瑞典条分法

为了将圆弧滑动法应用于 $\varphi > 0$ 的黏性土，瑞典工程师费伦纽斯（Fellenius）假定最危险圆弧面通过坡脚，并忽略作用于土条两侧的侧向力，提出了广泛用于黏性土边坡稳定性分析的条分法，该方法又称为**费伦纽斯条分法，是条分法中最古老而又最简单的方法**。

该法的基本原理是将圆弧滑动体人为分成若干土条，计算各土条上的力系对相应圆心的滑动力矩 M_{si} 和抗滑力矩 M_{Ri} 后，即可分别累加，求出整个滑动土体的滑动力矩 M_s 和抗滑力矩 M_R，进而计算出整个滑动体的稳定安全系数 F_s，表达式如下：

$$F_s = \frac{M_R}{M_s} = \frac{\sum M_{Ri}}{\sum M_{si}}$$

下面我们来学习瑞典条分法的具体步骤：

（1）按比例绘制土坡剖面图，如图 7-7 所示，假设圆弧滑动面通过坡脚 A 点，沿土坡长度方向取 1 延米进行计算。

（2）任选一点 O 为圆心，以 OA 为半径作圆弧 AC，AC 即为圆弧滑动面。

（3）将滑动土体 ABC 竖直分成若干个等宽或不等宽的土条，为了计算方便，可取土条宽度 $b=0.1R$（R 为滑弧的半径），后续计算时可减少大量三角函数计算。

划分土条并对土条进行编号。一般从过圆心 O 的铅垂线开始左右分别取 $b/2$（b 为土条宽度）作为第 0 条，滑动方向与滑动力方向**相反**时编号为"－"，方向相同时编号为"＋"，如图中向左依次为 －1、－2、－3、…，向右依次为 1、2、3、…，以便列表进行计算。

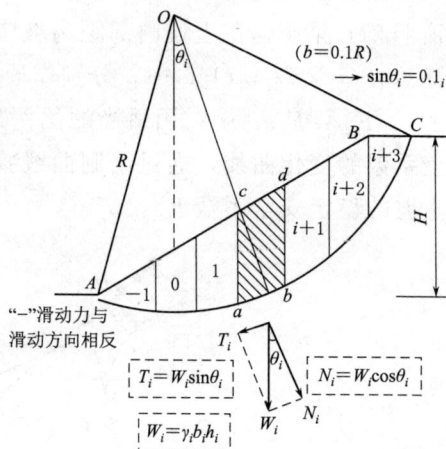

图 7-7　瑞典条分法

（4）取第 i 条作为隔离体进行分析，计算该土条自重 $W_i = \gamma_i b_i h_i$（b_i、h_i、γ_i 分别为计算土条的宽度、平均高度以及土的重度），将 W_i 分解为滑弧 ab（简化为直线段）上的法向分力 N_i 和切向分力 T_i，分别为

$$N_i = W_i \cos\theta_i$$
$$T_i = W_i \sin\theta_i$$

计算 T_i 时，根据 $b=0.1R$，计算非常方便，即 $\sin\theta_1 = b/R = 0.1$，$\sin\beta_2 = 0.2$，…，$\sin\beta_i = 0.1i$，$\sin\beta_{-i} = -0.1i$。

分析时，费伦纽斯对土条两侧面法向力和剪切力的影响忽略不计。

（5）以虚拟圆心 O 为转动中心，第 i 条隔离体**滑动力矩** M_{si} 为

$$M_{si} = T_i R = W_i \sin\theta_i R \tag{7-6}$$

（6）第 i 条隔离体对圆心 O 的抗滑力矩 M_{Ri}，来自于法向分力 N_i 引起的摩擦阻力和黏聚力 c 两部分产生的抗滑力，圆弧滑动面上第 i 条土条的抗滑力可能发挥最大值，等于土条滑动面上土的抗剪强度 τ_f 与滑弧长度 l_i 的乘积，再与抗滑力臂相乘得到**抗滑力矩** M_{Ri}，其大小为

$$M_{Ri} = \tau_{fi} l_i R = (c_i + \sigma_i \tan\varphi_i) l_i R$$

$$= (c_i + \frac{W_i \cos\theta_i}{l_i} \tan\varphi_i) l_i R$$

$$= (c_i l_i + W_i \cos\theta_i \tan\varphi_i) R \qquad (7-7)$$

（7）最后计算出整个滑动土体的稳定安全系数 F_s：

$$F_s = \frac{\sum M_{Ri}}{\sum M_{si}} = \frac{\sum\limits_{i=1}^{n}(cl_i + \gamma_i b_i h_i \cos\theta_i \tan\varphi)}{\sum\limits_{i=1}^{n} \gamma_i b_i h_i \sin\theta_i} \qquad (7-8)$$

式中　φ——土的内摩擦角，$(°)$；

　　c——土的黏聚力，kPa；

　　θ_i——第 i 条土条底面滑弧的中点处法线与竖直线的夹角，$(°)$；

　　l_i——第 i 条土条的滑弧长，m。

如果各土条宽度均相等，则上述表达式可简化为

$$F_s = \frac{\sum M_{Ri}}{\sum M_{si}} = \frac{cL + \gamma b \tan\varphi \sum\limits_{i=1}^{n} h_i \cos\theta_i}{\gamma b \sum\limits_{i=1}^{n} h_i \sin\theta_i} \qquad (7-9)$$

式中　L——整个滑动土体滑弧的长度，m。

需要指出的是，必须选择多个滑动圆心，通过试算，求出多个相应的稳定安全系数，最小的稳定安全系数 $F_{s,min}$ 需要满足对应规范的要求。若达不到设计要求，应对原设计进行修改，并重新进行稳定性分析，直到最危险滑动面对应的最小安全系数满足规范要求为止。

瑞典条分法忽略了条间作用力影响，是一种简化的计算方法，但由于该方法应用时间很长，积累了丰富的工程经验，一般得到的安全系数偏低，也就是说应用于工程中偏于安全，所以目前仍然是工程上常用的方法。

当需要考虑土条间作用力，或者滑动破坏面是任意形式，而不仅仅限于圆弧滑动面时，同学们可以参考土力学教材中毕肖普（A. N. Bishop）条分法和简布（Janbu）条分法进行分析。

四、泰勒图表法

上述对土坡稳定性分析的方法，相对比较复杂，需要多次试算寻求最危险的滑动面及其对应的最小安全系数，计算工作量大。

为简化计算工作量，曾有不少学者根据自己所掌握的丰富的计算资料，整理出了坡高 H、坡角 β，与土的抗剪强度指标 c、φ 和土的重度 γ 等参数之间的关系，并绘成图表供直接查用。其中较简便实用的有美国学者泰勒以及苏联学者洛巴索夫的土坡稳定计算图。

下面以泰勒图表法为例，学习图表法分析土坡稳定性。美国学者泰勒（D. W.

Taylor) 于 1937 年通过理论推导，算出土的抗剪强度指标 c、φ 和土的重度 γ 以及坡高 H_c 和**坡角 β** 这五个参数之间的关系，绘制出泰勒稳定因数图，如图 7-8 所示。

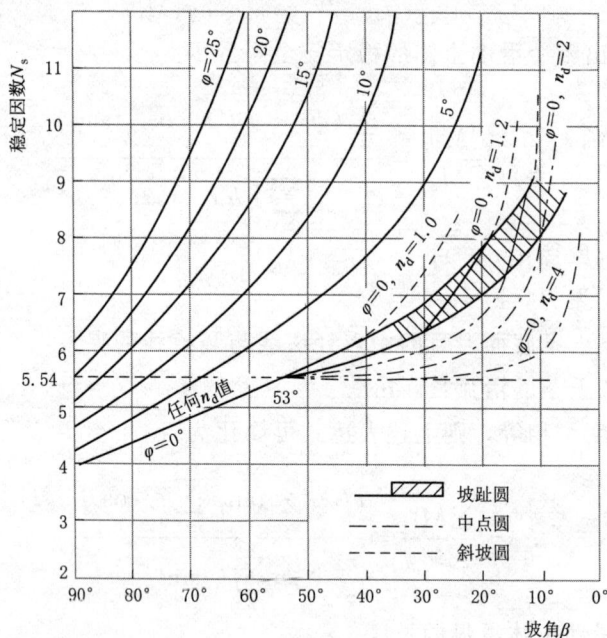

图 7-8　泰勒稳定因数 N_s

为了简化，又把三个参数 c、γ 和 H_c 合并为一个新的无量纲参数 N_s，称为稳定因数，即

$$N_s = \frac{\gamma H_c}{c} \tag{7-10}$$

式中　N_s——稳定因数，无量纲；

　　　c——土的黏聚力，kPa；

　　　γ——土的重度，kN/m^3；

　　　H_c——土坡的极限高度，m。

利用此图表，可以快速地解决下列两类主要的土坡稳定问题：

(1) 已知坡角 β、土的内摩擦角 φ、黏聚力 c、重度 γ 等值，确定土坡的**极限高度 H_c**。

(2) 已知土的性质指标 c、φ、γ 以及坡高 H_c 等值，确定土坡的**极限坡角 β**。

在设计中，应根据计算所得的极限高度 H_c 或极限坡角 β，考虑适当的安全系数 F_s，选定土坡的**设计高度或设计坡度**。

图表法较为简单，一般多用于计算**均质且高度 10m 以内**土质边坡，可以直接查用，也可用于对更高土坡或情况较复杂的土坡进行估算。

本讲内容就讲解到这，同学们再见。

第8章 地基承载力

第8-1讲 概　　述

同学们，大家好，欢迎来到土力学慕课课堂！

本章我们来学习地基承载力。本章教学重点包括地基破坏模式，临塑荷载、临界荷载及地基的极限承载力，地基承载力的确定方法。

首先我们来回顾一个实例，同学们对特朗斯康谷仓的破坏还有印象吗？对了，就是上个世纪初发生严重工程事故的加拿大特朗斯康谷仓。谷仓由65（13m×5m）个圆柱形筒仓组成，自重20000t，相当于装满谷物后总重量的42.5%。1913年秋季完工后，9月初开始装载谷物尽可能使其荷载均匀分布，10月17日当谷物装至接近容积的90%时，谷仓1h内垂直沉降达30.5cm，随后迅速向西倾斜，在24h内倾倒，西端下沉7.32m，东端上抬1.52m，仓筒倾斜27°。

谷仓倾倒后，上部钢筋混凝土筒仓坚如磐石，仅有极少的表面裂缝。为修复筒仓，在基础下设置了70多个支撑于16m深基岩上的混凝土墩，使用了388个50T的千斤顶，逐渐将倾斜的筒仓纠正过来，但修复后的位置比原来降低了4m。

究其原因，该谷仓基础下埋藏有厚达16m的软黏土层，而事先却未作勘察、试验与研究。根据邻近结构物基槽开挖试验结果，地基实际承载力为193.8～276.6kPa，远小于地基破坏时实际作用的基底压力329.4kPa，因超载导致地基强度破坏而产生了整体滑动，这是建筑物失稳的典型例子。

可见，准确地确定地基的承载力是建筑物结构设计和地基稳定性验算的重要依据。每个人的能力有大小，地基土也一样。**地基承载力**是指单位面积上地基土承受荷载的能力，单位kPa，它除了与地基土本身的物理力学性质有关外，还与基础底面的形状、尺寸和埋深有关。

地基承受基础传下来的建筑物荷载，引起其内部应力发生变化：一方面附加应力引起地基土的压缩变形，造成建筑物沉降，有关这方面的内容，已在第4章土的压缩性及地基沉降计算章节中系统地学习过；另一方面，建筑物荷载引起地基内土体的剪应力增加，当土体中某一点剪应力达到抗剪强度时，这一点就处于极限平衡状态，若基础以下地基土中某一区域内各点都达到极限平衡状态，就形成了塑性区，若荷载继续增大，塑性区范围不断增大，局部的塑性区发展成为连续、贯穿到地表的整体滑动面。这时，基础下一部分土体将沿滑动面产生整体滑动，地基失去稳定性，简称**地基失稳**。如果这种情况发生，建筑物将发生坍塌、倾倒等灾难性破坏。

因此，地基基础设计时须满足以下要求：

（1）建筑物基础的沉降量或沉降差必须在允许的范围之内，此为沉降变形的要求，即 $S < [S]$。

（2）建筑物施加于基础底面的基底压力应在地基允许的承载力之内，此为强度稳定性的要求，即 $p_k \leqslant f_a$，$p_{kmax} \leqslant 1.2 f_a$。

实践表明，建筑物基础破坏很少，多数属于地基土体破坏。所以进行建筑物地基基础设计时，要根据地基土本身的承载能力施加相应的荷载，千万不能超载运行。当地基承载力不能满足要求时，需对基础的设计方案进一步修改或进行地基处理，以确保地基土不被破坏。

根据荷载与沉降的关系及地基滑动的情况，可将地基土的破坏形式分为**整体剪切破坏、局部剪切破坏和冲剪破坏**。

1. 整体剪切破坏

整体剪切破坏是指：在浅基础荷载作用下，地基产生连续剪切滑动面的地基破坏形式。

如图 8-1（a）所示的 $p-s$ 曲线属于整体剪切破坏的情况。在荷载 p 较小时，变形量 s 随着荷载 p 的增大成比例增加，$p-s$ 曲线近似直线，土中各点的剪应力均小于土体抗剪强度，处于弹性平衡状态，本阶段为**压密阶段**，也称为**弹性变形阶段**。当荷载达到 p_{cr} 后，地基土产生剪切破坏，随着荷载 p 的增加，与基础端部接触的地基土开始产生塑性区，变形量加大，$p-s$ 曲线开始弯曲，土体开始被挤出，此阶段为**剪切阶段**，也称为**塑性区发展阶段**。当荷载超过如图所示的 p_u 时，土中的塑性区将连成一个整体，形成连续的滑动面，并延伸至地面，基础四周土体出现明显隆起，基础急剧下沉或严重倾斜，地基失稳破坏，即**破坏阶段**。p_{cr} 称为**比例界限荷载或临塑荷载**，p_u 称为**极限荷载**。

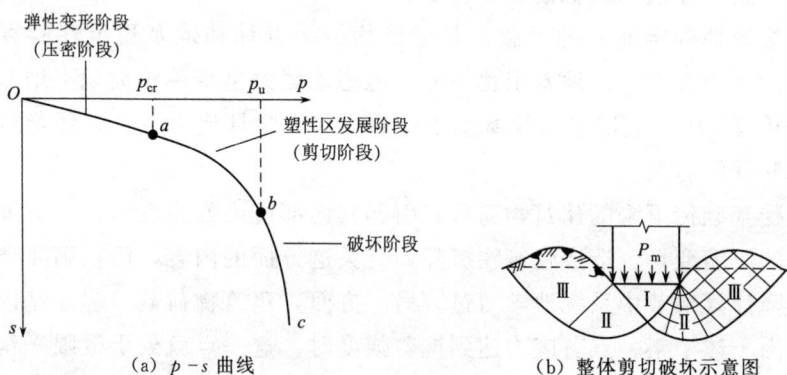

（a）$p-s$ 曲线　　　　　（b）整体剪切破坏示意图

图 8-1　整体剪切破坏

整体剪切破坏的特征是，破坏前建筑物一般不会发生过大的沉降，如图 8-1（b）所示，破坏有一定的突然性，**主要发生在坚硬的黏性土和密实的砂土地基中**。

2. 局部剪切破坏

局部剪切破坏是指在浅基础荷载作用下,地基土在**某一范围**内产生剪切破坏区的地基破坏形式。

如图 8-2 (a) 所示的 $p-s$ 曲线属于局部剪切破坏的情况。从荷载 p 较小时,地基土中的塑性区就逐渐形成,$p-s$ 曲线几乎一开始就呈现出非线性关系,随着荷载 p 的增加,转折点并不明显,但 $p-s$ 曲线的斜率增大,沉降速率加大,总沉降量很大,说明地基土已遭破坏,但不像整体剪切破坏时的变形那样骤然增加,塑性区只发展到地基的一定范围内,滑动面并没有延伸到地面,基础周围的地面仅有微小的隆起。

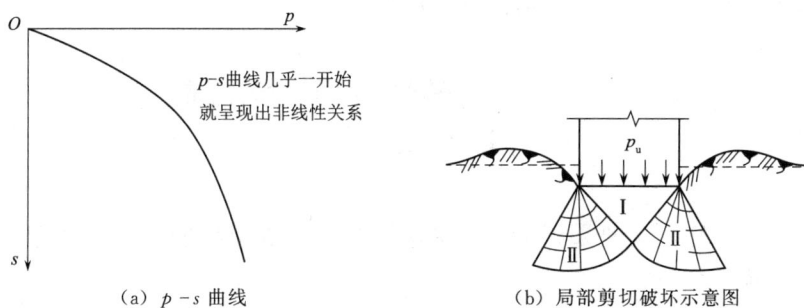

(a) $p-s$ 曲线   (b) 局部剪切破坏示意图

图 8-2 局部剪切破坏

局部剪切破坏的特征:破坏滑动面没有发展到地面,基础没有明显的倾斜或倒塌,但由于地基产生较大的沉降而丧失承载能力,如图 8-2 (b) 所示。这种破坏形式**主要发生在低强度软黏土和松砂地基中**。

3. 冲剪破坏

冲剪破坏也称为刺入剪切破坏,是指在浅基础荷载作用下,地基发生垂直剪切破坏,地基产生较大沉降的一种地基破坏形式。

如图 8-3 (a) 所示,$p-s$ 曲线属于冲剪破坏,整个曲线没有转折点。过程如下:随着荷载的增加,基础下面土层发生大的压缩变形,基础下沉,荷载继续加大,基础不断下沉,基础周围土体发生竖向剪切破坏,基础好像刺入土中,地面没有隆起现象。

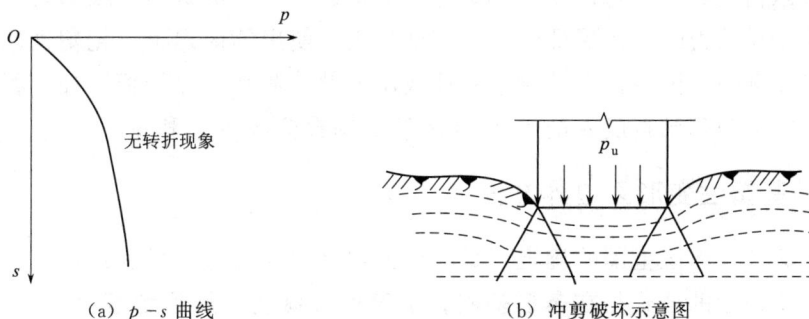

(a) $p-s$ 曲线   (b) 冲剪破坏示意图

图 8-3 冲剪破坏

从名称上就可以看出其破坏特征：产生较大沉降，周围土体下陷，不出现滑动面和破坏区，是一种典型的变形破坏，如图 8-3（b）所示，这种破坏形式**主要发生在基础埋深较大的低强度软黏土和松砂地基中**。

地基剪切破坏的形式主要与地基土的性质、加荷条件以及基础的埋深等有关，总结如图 8-4 所示。

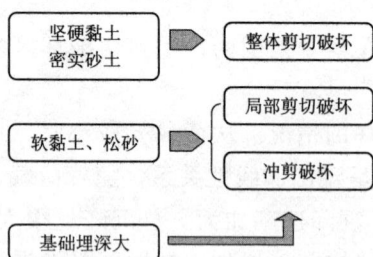

图 8-4 地基剪切破坏小结

这节课我们就讲到这里，感谢同学们的聆听。

第 8-2 讲 按塑性变形区深度确定 地基承载力

同学们，大家好，欢迎来到土力学慕课课堂！本节课我们来学习按塑性变形区发展深度确定地基承载力。

一、地基土中应力状态的三个阶段

上节课我们详细分析了地基土发生整体剪切破坏的 p-s 曲线，如图 8-1（a）所示。当荷载较小时，地基土整体处于弹性平衡状态，任意一点的剪应力均小于土体的抗剪强度，没有点被破坏，**塑性区的开展深度为零**，即处于 p-s 曲线的 oa 段；当荷载增大到临塑荷载 p_{cr} 时，位于基础下的局部土体，通常是基础边缘下的土体首先达到极限平衡状态，超过 p_{cr} 后，塑性区范围逐渐增大，深度加深，于是地基内开始出现弹性区和塑性区并存的现象，即处于 p-s 曲线的 ab 段；b 点以后进入整体剪切破坏阶段。三个阶段之间存在着两个界限荷载，即临塑荷载 p_{cr} 与极限荷载 p_u。

p_{cr}：临塑荷载也称为比例界限荷载，即地基中开始出现塑性变形区时的荷载。

p_u：极限荷载，即地基产生整体破坏时的荷载，等于地基的极限承载力。

确定地基承载力时，在保证建筑物安全和正常使用的前提下，把塑性区开展的最大深度限定在某一范围内，取其对应的荷载作为设计荷载的控制值。如工程中取最大塑性区开展深度为基础宽度 b 的 1/3、1/4 时的**临界荷载** $p_{1/3}$ 和 $p_{1/4}$。

二、地基塑性变形区边界方程

地基中塑性变形区范围的确定，是一个弹塑性混合问题，目前还没有严格的理论解答。现在所使用的公式是**在条形基础，垂直均布荷载作用且地基土均质**的条件下，**以弹性理论**为基础得到的近似解。

根据弹性理论，当地基**表面**作用垂直均布荷载 p 时，如图 8-5（a）所示。

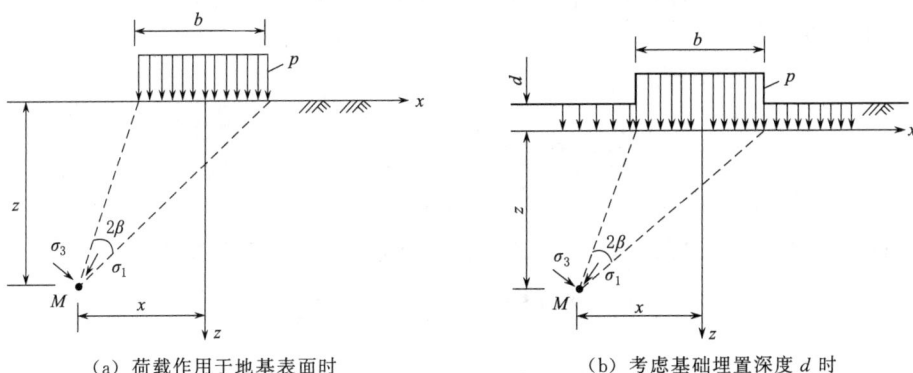

(a) 荷载作用于地基表面时　　　　(b) 考虑基础埋置深度 d 时

图 8-5　荷载作用下地基中 M 点的应力状态

地基中深度为 z 的一点 M 处的大、小主应力，用极坐标表示法可按下式求得：

$$\begin{matrix} \sigma_1 \\ \sigma_3 \end{matrix} = \frac{p}{\pi}(2\beta \pm \sin2\beta) \tag{8-1}$$

实际工程中，为了保护基础不受破坏，基础是埋到地面以下一定深度的，如图 8-5（b）所示。当基础埋深为 d 时，基础底面以下深度为 z 的 M 点的应力共有两部分组成，即基底附加应力 p_0 扩散至地基中 M 点的应力，以及 M 点的自重应力。

（1）基底附加应力。

$$p_0 = p - \sigma_c = p - \gamma d$$

式中　p——基底压力，kPa；

　　　σ_c——基底处的自重应力，kPa；

　　　γ——均质地基土的重度 kN/m^3；

　　　d——基础埋置深度，m。

（2）M 点的自重应力，其中竖向自重应力为 $\gamma(d+z)$，水平向自重应力为 $\gamma(d+z)K_0$，K_0 为土的侧压力系数。

由于任意一点 M 大、小主应力的方向多数不是竖直和水平的，会随着 M 点位置的变化而变化，为简化计算和便于应力叠加，此处假定自重应力的静止侧压力系数 $K_0 = 1$，这样即可通过应力叠加得到 M 点处的大、小主应力计算公式如下：

$$\begin{matrix} \sigma_1 \\ \sigma_3 \end{matrix} = \frac{p - \gamma d}{\pi}(2\beta \pm \sin2\beta) + \gamma(d+z) \tag{8-2}$$

式中　p——基底压力，kPa；

　　　γ——均质地基土的重度，kN/m^3；

　　　d——基础埋深，m；

　　　z——基础底面至 M 点的深度，m；

　　　2β——视角，即 M 点至基础两底边边缘连线的夹角，（°）。

根据土的极限平衡理论，当 M 点达到极限平衡状态时，摩尔应力圆和土的抗剪

强度包线相切于 A 点时的几何平衡条件，如图 8 - 6 所示。上述几何关系中，对直角三角形 ABD 存在：

$$\sin\varphi = \frac{\frac{1}{2}(\sigma_1 - \sigma_3)}{c\cot\varphi + \frac{1}{2}(\sigma_1 + \sigma_3)}$$

将 M 点的大、小主应力代入上式的极限平衡条件中，求解得到

$$z = \frac{p - \gamma d}{\pi\gamma}\left(\frac{\sin2\beta}{\sin\varphi} - 2\beta\right) - \frac{c\cot\varphi}{\gamma} - d \qquad (8 - 3)$$

上式为极限平衡区的边界方程，即地基土弹性压密区和塑性变形区的分界线，它表示在基底压力 p、基础埋深 d、地基土重度 γ、黏聚力 c 以及内摩擦角 φ 均已知的情况下，根据该方程即可找出深度 z 和视角 2β 的关系，从而划定塑性变形区的边界，如图 8 - 7 所示，为条形基础在铅直均布荷载作用下，地基中出现塑性区的示意图。

三、临塑荷载

地基土从弹性压密阶段到塑性区发展阶段，将要产生塑性破坏区所对应的基底荷载称为**临塑荷载**，用 p_{cr} 表示，此时塑性区开展的最大深度 $z_{max} = 0$。

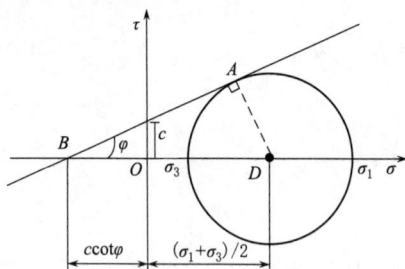

图 8 - 6　土中一点的极限平衡条件

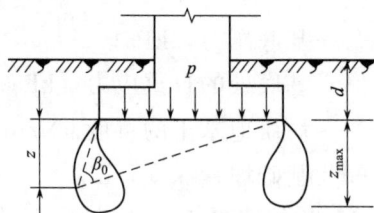

图 8 - 7　条形基础铅直均布荷载作用
地基中的塑性区边界示意图

塑性区的最大开展深度 z_{max} 可通过对塑性区的边界方程求一阶导数等于 0 的条件求得，即 $\dfrac{\mathrm{d}z}{\mathrm{d}\beta} = 0$。

$$\frac{\mathrm{d}z}{\mathrm{d}\beta} = \frac{p - \gamma d}{\pi\gamma}\left(\frac{2\cos2\beta}{\sin\varphi} - 2\right) = 0$$

可以推导出 $2\beta = \dfrac{\pi}{2} - \varphi$ 时，对应的塑性区开展深度最大，即

$$z_{max} = \frac{p - \gamma d}{\pi\gamma}\left[\cot\varphi - \frac{\pi}{2} + \varphi\right] - \frac{c\cot\varphi}{\gamma} - d \qquad (8 - 4)$$

为方便求解荷载，将上式的荷载 p 移到等式的左边，其余移到等式右边，则改写

成下式：

$$p = \frac{\pi\gamma z_{\max}}{\cot\varphi - \frac{\pi}{2} + \varphi} + \frac{\pi c \cot\varphi}{\cot\varphi - \frac{\pi}{2} + \varphi} + \frac{\pi\gamma d}{\cot\varphi - \frac{\pi}{2} + \varphi} + \gamma d \qquad (8-5)$$

当地基土重度 γ、黏聚力 c、内摩擦角 φ 以及基础的埋深 d 均已知的情况下，根据式（8-5）即可计算出塑性区的最大开展深度 $z_{\max}$ 为任意值时所对应的荷载。

当 $z_{\max} = 0$ 时，$p = p_{\mathrm{cr}}$，代入式（8-5），则

$$p_{\mathrm{cr}} = \frac{\pi c \cot\varphi}{\cot\varphi - \frac{\pi}{2} + \varphi} + \frac{\pi\gamma d}{\cot\varphi - \frac{\pi}{2} + \varphi} + \gamma d$$

令

$$N_{\mathrm{C}} = \frac{\pi\cot\varphi}{\cot\varphi - \frac{\pi}{2} + \varphi}$$

$$N_{\mathrm{q}} = \frac{\pi}{\cot\varphi - \frac{\pi}{2} + \varphi} + 1$$

同时令

$$q = \gamma d$$

则有

$$p_{\mathrm{cr}} = cN_{\mathrm{C}} + qN_{\mathrm{q}} \qquad (8-6)$$

四、临界荷载

经验表明，在大多数情况下，即使地基发生局部剪切破坏，地基的塑性区有所发展，只要塑性区范围不超过一定值，就不至于影响建筑物的安全和正常使用。使用临塑荷载 p_{cr} 作为地基承载力偏于保守，不经济。一般情况下，除软弱地基外，允许地基中出现一定深度的塑性区。允许地基产生一定深度的塑性变形区所对应的荷载称为**临界荷载**，即地基的容许承载力。

根据工程经验，在中心荷载作用下，塑性区最大深度 $z_{\max}$ 可控制在基础宽度 b 的 1/4，相应的荷载用 $p_{1/4}$ 表示；在偏心荷载作用时，塑性区最大深度 $z_{\max}$ 可控制在基础宽度 b 的 1/3，相应的荷载用 $p_{1/3}$ 表示。

在中心荷载作用下，取 $z_{\max} = \dfrac{b}{4}$，代入式（8-5）：

令

$$N_{1/4} = \frac{\pi}{2\left(\cot\varphi - \frac{\pi}{2} + \varphi\right)}$$

则

$$p_{1/4} = \frac{1}{2}\gamma b N_{1/4} + cN_{\mathrm{c}} + qN_{\mathrm{q}} \qquad (8-7)$$

在偏心荷载作用下，取 $z_{\max} = \dfrac{b}{3}$，代入式（8-5）：

令
$$N_{1/3} = \frac{2\pi}{3\left(\cot\varphi - \dfrac{\pi}{2} + \varphi\right)}$$

则
$$p_{1/3} = \frac{1}{2}\gamma b N_{1/3} + c N_c + q N_q \tag{8-8}$$

上述 N_c、N_q、$N_{1/4}$、$N_{1/3}$ 称为临界荷载承载力系数，均与地基土的内摩擦角 φ 有关，可以查表取值，见表 8-1。另外，同学们也可以带入对应的系数公式进行计算，需要提醒大家的是，计算时，内摩擦角 φ 要换算成**弧度值**。

表 8-1 　　　　　　　　　　　　　临界荷载承载力系数

$\varphi/(°)$	N_c	N_q	$N_{1/4}$	$N_{1/3}$	$\varphi/(°)$	N_c	N_q	$N_{1/4}$	$N_{1/3}$
0	3	1	0	0	24	6.5	3.9	1.4	2.0
2	3.3	1.1	0	0	26	6.9	4.4	1.6	2.2
4	3.5	1.2	0	0.2	28	7.4	4.9	2.0	2.6
6	3.7	1.4	0.2	0.2	30	8.0	5.6	2.4	3.0
8	3.9	1.6	0.2	0.4	32	8.5	6.3	2.8	3.6
10	4.2	1.7	0.4	0.4	34	9.2	7.2	3.2	4.2
12	4.4	1.9	0.4	0.6	36	10.0	8.2	3.6	4.8
14	4.7	2.2	0.6	0.8	38	10.8	9.4	4.2	5.6
16	5.0	2.4	0.8	1.0	40	11.8	10.8	5.0	6.6
18	5.3	2.7	0.8	1.2	42	12.8	12.7	5.8	7.6
20	5.6	3.1	1.0	1.4	44	14.0	14.5	6.8	9.0
22	6.0	3.4	1.2	1.6	45	14.6	15.6	7.4	9.8

通过上述临塑荷载及临界荷载计算公式的推导过程，可以看到这些公式是建立在下述假定基础之上的：

（1）计算公式适用于**条形基础**。这些计算公式是从平面问题的条形均布荷载情况下导出的，若将它近似地用于矩形或圆形基础，其结果是偏于安全的。

（2）计算土中由自重产生的主应力时，**假定土的侧压力系数 $K = 1$**，与土的实际情况不符，但这样可使计算公式简化。

（3）在计算临界荷载 $p/4$ 和 $p/3$ 时，土中已出现塑性区，但这时仍按弹性理论计算土中应力，这在理论上是互相矛盾的，所引起的误差随着塑性区范围的扩大而增大。

本讲内容公式多，推算量大，同学们需要理解推理思路，过程中的公式不需要去记忆，但要会应用推求出的结果。

本讲内容就到这里，同学们再见！

第8-3讲 浅基础地基的极限承载力

同学们,大家好,欢迎来到土力学慕课课堂!

工程中为确保地基既不产生剪切破坏而失稳,又保证建筑物基础的沉降不超过允许值的最大荷载,即同时满足变形和稳定性两项要求时,地基单位面积上所承受的荷载就称为地基在正常使用情况下、极限状态时设计的容许承载力 $[R]$。

本讲我们来学习浅基础地基的极限承载力。包括普朗特尔-雷斯诺极限承载力公式、太沙基承载力公式以及汉森承载力公式。

一、普朗特尔-雷斯诺极限承载力公式

1. 普朗特尔极限承载力公式

在解决地基的极限承载力问题时,假设土为理想塑性材料,用极限平衡理论求解,但由于影响地基极限承载力的因素很多,如土的容重和强度指标,边荷载等,要想求得解析解是非常困难的。1920 年普朗特尔(Prandtl)做了如下三个假定:

(1) 假设条形基础置于地基表面,即基础埋深 $d=0$。

(2) 假设地基土无重量,即 $\gamma=0$。

(3) 假设基础底面光滑无摩擦。

在如上三个假设的前提下,如果基础下形成连续的塑性区而处于极限平衡状态,普朗特尔得到地基滑动面形状如图 8-8 所示,并求出了仅考虑黏聚力 c 的地基极限承载力的解析式:

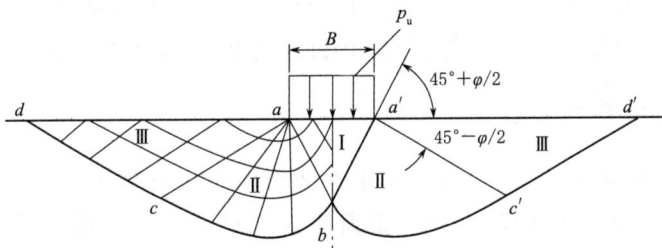

图 8-8 普朗特尔极限承载力计算简图

$$p_u = cN_c \tag{8-9}$$

其中
$$N_c = \left[e^{\pi\tan\varphi}\tan^2\left(45° + \frac{\varphi}{2}\right) - 1\right]\cot\varphi$$

式中 c——土的黏聚力,kPa;

N_c——土的内摩擦角 φ 的函数。

推导普朗特尔极限承载力公式时,假定基础置于地基表面($d=0$),并忽视基底以下地基土的重度影响,这与实际不符。为此,许多学者进行了深入的研究,出现了

普朗特尔-雷斯诺极限承载力公式。

2. 普朗特尔-雷斯诺极限承载力公式

雷斯诺（Reissner）于 1924 年在普朗特尔极限承载力公式假定的基础上，考虑基础的埋置深度，以连续均布的超载 $q=\gamma_0 d$（γ_0 为基础埋深范围内土的加权平均重度）来代替两侧埋深范围内的自重影响。

如图 8-9 所示，导出由超载 q 产生的极限承载力公式：

$$p_u = qN_q \tag{8-10}$$

其中

$$N_q = e^{\pi\tan\varphi}\tan^2\left(45°+\frac{\varphi}{2}\right)$$

式中 N_q——土内摩擦角 φ 的函数。

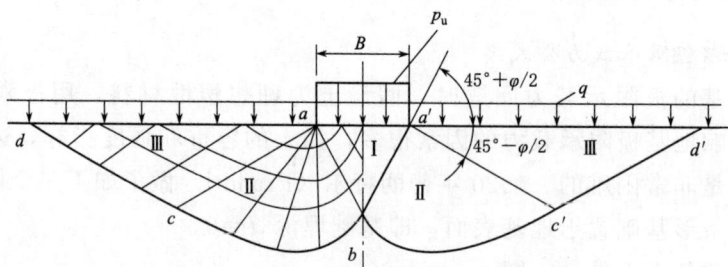

图 8-9 考虑基础埋深时极限承载力计算简图

将上述普朗特尔和雷斯诺公式合并，得到不考虑土体重力时，埋置深度为 d 的条形基础的极限荷载公式，即普朗特尔-雷斯诺极限承载力公式。

$$p_u = cN_c + qN_q \tag{8-11}$$

上述普朗特尔及雷斯诺在推求公式的过程中均假定土的重度 $\gamma=0$，但由于土的强度很小，同时内摩擦角 φ 又不等于 0，因此不考虑土的重力是不妥当的。

二、太沙基承载力公式

太沙基（Terzaghi）在 1943 年利用塑性理论推导了条形基础在中心荷载作用下的极限承载力公式。为了弥补普朗特尔-雷斯诺极限承载力公式的不足，太沙基做了如下更为切合实际的假定：

（1）基础底面完全粗糙，与地基土之间存在摩擦力。

（2）基底以下土体是有重量的，即 $\gamma\neq0$，但忽略地基土重度对滑移线形状的影响。

（3）基底以上两侧的土体视为均布荷载 $q=\gamma_0 d$（d 为基础埋深），不考虑这部分土体抗剪强度的影响作用。

根据以上假定，地基滑动面形状近似假定为如图 8-10 所示的形状。地基滑动土体可分为如下三个区域。

Ⅰ区：基础下的楔形压密区（$\triangle aa'b$）。假定基底与土之间的摩擦力阻止了基底处剪切位移的发生，因此，基底以下的土不发生破坏而处于弹性平衡状态。破坏时，它像一个"弹性核"，随着基础一起向下移动。

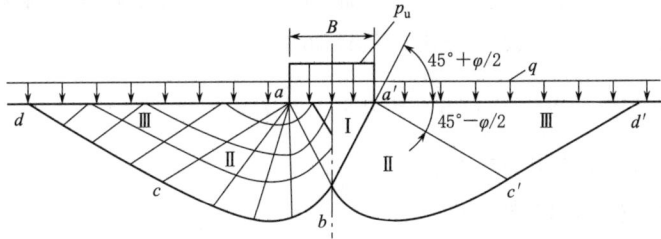

图 8 - 10　太沙基极限承载力计算简图

Ⅱ区：滑动面按对数螺旋线变化，b 点为螺旋线的切线的切点，c 点为螺旋线的另一端切线的切点，该切线与水平线成（$45° - \varphi/2$）角。

Ⅲ区：被动朗肯区，该区处于被动极限平衡状态。该区内任意一点的大主应力均是水平向的，故滑动面与水平面的夹角为（$45° + \varphi/2$）。

根据弹性土楔 $aa'b$ 的静力平衡条件，求得太沙基极限承载力计算公式为

$$p_u = \frac{1}{2}\gamma b N_r + c N_c + q N_q \qquad (8 - 12)$$

式中　c——基底以下土的黏聚力，kPa；

γ——基底以下土的重度，地下水位以下取有效重度，kN/m^3；

q——基底以上土体荷载，且 $q = \gamma_0 d$（γ_0 为基底以上土的加权平均重度，地下水位以下取有效重度），kPa；

b——基础底面宽度，m；

N_r、N_q、N_c——太沙基的承载力系数，与地基土的内摩擦角有关，由表 8 - 2 查得。

表 8 - 2　　　　　　　　　　太 沙 基 承 载 力 系 数

$\varphi/(°)$	0	5	10	15	20	25	30	35	40	45
N_r	0	0.51	1.20	1.80	4.00	11.00	21.8	45.4	125	326
N_q	1.00	1.64	2.69	4.45	7.42	12.70	22.5	41.4	81.3	173.3
N_c	5.71	7.32	9.58	12.9	17.60	25.10	37.2	57.7	95.7	172.2

式（8 - 12）是在条形基础地基整体剪切破坏的条件下推导得到的，适用于压缩性较小的密实地基。对于松软的压缩性较大的地基土，或基础形式为矩形或圆形时，计算公式应参考相应的书目。

应用太沙基极限承载力公式进行基础设计时，地基承载力为极限荷载 p_u 除以安全系数 K，即

$$[R] = \frac{p_u}{K} \qquad (K \text{ 一般取 } 2 \sim 3)$$

三、汉森承载力公式

汉森等考虑了基础性状、埋置深度、倾斜荷载、底面倾斜及基础底面倾斜等因素的影响情况，得到了极限承载力公式，具体如下：

$$p_u = \frac{1}{2}\gamma b N_r s_r d_r i_r g_r b_r + q N_q s_q d_q i_q g_q b_q + c N_c s_c d_c i_c g_c b_c \tag{8-13}$$

详细步骤同学们请见相关教材。

本讲内容就到这里，同学们再见！

第8-4讲　确定地基承载力的其他方法

同学们，大家好，欢迎来到土力学慕课课堂！本讲内容我们来学习确定地基承载力的其他方法。

建筑工程中确定地基承载力常采用的方法有**理论公式法、原位试验法、规范法、当地经验法等**，具体如图8-11所示。

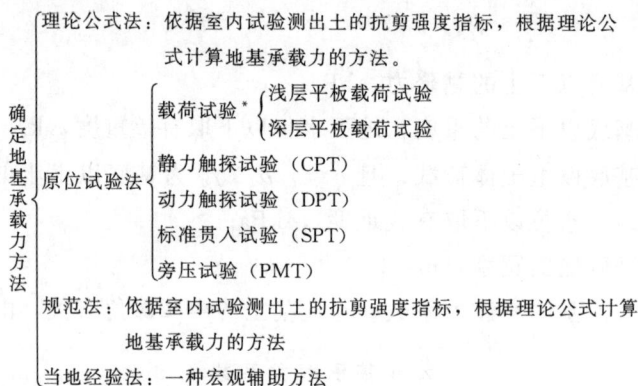

图 8-11　确定地基承载力的常用方法

(*原位试验法包含很多试验，本书只讲载荷试验法)

（1）**理论公式法**。理论公式法是室内试验测出土的抗剪强度指标黏聚力和内摩擦角，根据理论公式计算地基承载力的方法，即之前两讲学习的按塑性变形区发展深度确定的临塑荷载 p_{cr}，临界荷载 $p_{1/4}$、$p_{1/3}$，以及按极限荷载确定的极限承载力 p_u 这两大类。需要说明的是，以上理论公式计算地基承载力的方法，都是针对**浅基础的整体剪切破坏**得出的。

（2）**原位试验法**。原位试验法包括载荷试验（PLT）、静力触探试验（CPT）、动力触探试验（DPT）、标准贯入试验（SPT）、旁压试验（PMT）等。其中**载荷试验**为标准方法，具有权威性，其余试验方法获取的承载力若和载荷试验有出入时，一律以载荷试验为准。

（3）**规范法**。依据室内试验测定土的抗剪强度指标，根据理论公式计算地基承载力的方法。

（4）**当地经验法**。根据建筑物的特点、地基土的性质、施工条件等因素，结合经验来判断地基承载力的一种方法，是一种宏观辅助方法。在有经验的地区，具有丰富经验的工程师在现场就可以大致确定土的承载力范围，一般情况下和实际做出来的差别不会太大。

除此之外，随着计算技术的发展，有限元数值分析已广泛应用于地基承载力的理论计算当中。

我们首先来了解原位试验方法中的载荷试验。在重要建筑物的设计中，经常采用**载荷试验**的方法来确定地基承载力，因为它可以提供较为合理的数值，许多地基设计规范都将载荷试验结果作为确定或校核地基承载力的依据。

一、载荷试验法确定地基承载力特征值

载荷试验也称静载荷试验，包括浅层平板载荷试验和深层平板载荷试验。浅层平板载荷试验用于确定浅层地基土承压板下，应力主要影响范围内的承载力和变形参数，深层平板载荷试验用于确定深层地基土及大直径桩桩端土层，在承压板下应力主要影响范围内的承载力和变形参数。**平板载荷试验**根据施加荷载的原理不同分为**重物式加荷**与**反力式加荷**，均包括承压板、加荷装置和沉降观测装置，如图 8-12、图 8-13 所示。

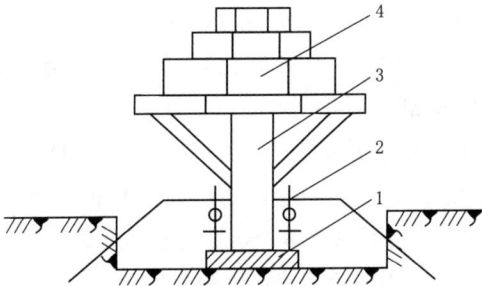

图 8-12 重物式加荷装置示意图
1—承压板；2—沉降观测装置；
3—荷载台架；4—重物

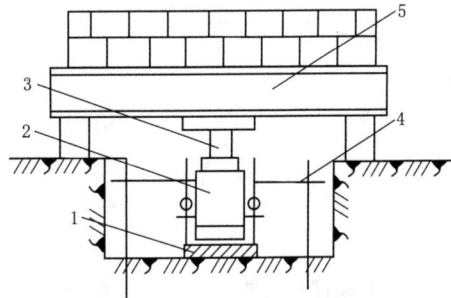

图 8-13 反力式加荷装置示意图
1—承压板；2—加荷千斤顶；3—荷重传感器；
4—沉降观测装置；5—反力装置

1. 试坑开挖与承压板的尺寸

载荷试验在现场开挖试坑，应在建筑工地选择有代表性的部位进行，试坑的开挖深度一般为基础埋深，并在拟试压表面用厚度不超过 20mm 粗砂或中砂层找平。浅层平板试验基坑宽度不应小于承压板宽度或直径的 3 倍，承压板的面积不应小于 0.25m²，对于软土和粒径较大的填土，不应小于 0.50m²；深层平板载荷试验的承压板选用直径为 0.8m、面积为 0.5m² 的刚性板。

承压板一般采用**正方形**或**圆形**钢质板，也可采用现浇或预制混凝土板，应具有足够的刚度。

2. 加荷方法

浅层平板载荷试验，加荷分级不少于 8 级，最大加载量不应小于设计要求的 2 倍。每级加载后，间隔 10min、10min、10min、15min、15min，以后每隔半小时测读一次沉降量，在连续两小时内，每小时的沉降量小于 0.1mm 时，认为沉降已趋稳定，可加下一级荷载。

3. 终止加荷条件

当出现下列情况之一时，可终止加载：

（1）承压板周围的土明显地侧向挤出。

（2）沉降 s 急剧增大，荷载—沉降（$p-s$）曲线出现陡降段。

（3）在某一级荷载下，24h 内沉降速率不能达到稳定。

（4）沉降量与承压板的宽度或直径之比大于或等于 0.06。

当满足以上前三款的情况之一时，其对应的前一级荷载为极限荷载。

具体试验步骤和加荷过程及深层平板试验详见《建筑地基基础设计规范》（GB 50007—2011）或《土工试验方法标准》（GB/T 50123—2019）等相关规范。

4. 载荷试验结果 $p-s$ 曲线及取值

根据试验过程中施加的各级荷载 p 与观测的沉降量 s，绘制 $p-s$ 曲线，如图 8-14 所示。荷载 p 的单位为 kPa，沉降量 s 的单位是 mm。

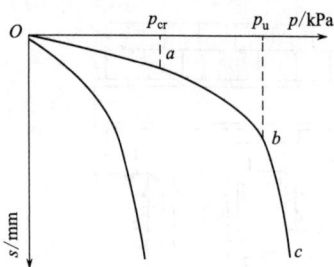

图 8-14　载荷试验结果 $p-s$ 曲线

（1）当 $p-s$ 曲线上有比例界限时，取该比例界限 p_{cr} 所对应的荷载值，此方法偏于保守。

（2）当极限荷载小于对应比例界限的荷载值的 2 倍时，取极限荷载值的一半。

（3）对于软弱土或高压缩性土，$p-s$ 曲线无明显转折点，不能按上述二点确定时，如压板面积为 0.25～0.50m^2，黏性土可取 $s/b>0.02$ 处的荷载，砂土可取 $s/b=0.010～0.015$ 所对应的荷载，但其值不应大于最大加载量的一半。

《建筑地基基础设计规范》（GB 50007—2011）规定，同一土层参加统计的试验点不应少于三点，各试验实测值的极差不得超过其平均值的 30%，取此平均值作为该土层的地基承载力特征值 f_{ak}。

5. 承载力特征值的修正

工程中对于载荷试验、标准贯入试验、静力触探试验以及经验值等方法确定的地基承载力，称为承载力特征值。地基承载力除了与地基本身密切相关外，还与基础的形式、埋深等因素有关，所以在相同的地基上建造不同建筑物时，其承载性状是不一样的。对于实际工程中，当基础的宽度 $b>3m$ 或基础埋深 $d>0.5m$ 时需要按下式进行修正：

$$f_a = f_{ak} + \eta_b \gamma (b - 3) + \eta_d \gamma_m (d - 0.5) \tag{8-14}$$

式中　f_a——修正后的地基承载力特征值，kPa；

　　　f_{ak}——地基承载力特征值，kPa；

　　η_b、η_d——基础宽度和埋置深度的地基承载力修正系数，按基底以下土的类别查表取值；

　　　γ——基础底面以下土的重度，地下水位以下取有效重度；

　　　γ_m——基础底面以上土的加权平均重度，地下水位以下取有效重度；

　　　b——基础底面宽度，m，当基宽小于 3m 按 3m 取值，大于 6m 按 6m 取值；

　　　d——基础埋置深度，m，一般自室外地面标高算起。

地基承载力修正系数见表 8-3。

表 8-3　　　　　　　　　　　　　地基承载力修正系数表

土 的 类 别		η_b	η_d
淤泥和淤泥质土		0	1.0
人工填土 e 或 $I_L \geqslant 0.85$ 的黏性土		0	1.0
红黏土	含水比 $\alpha_w > 0.8$	0	1.2
	含水比 $\alpha_w \leqslant 0.8$	0.15	1.4
大面积压实填土	压实系数大于 0.95、黏粒含量 $\rho_c \geqslant 10\%$ 的粉土	0	1.5
	最大干密度大于 2.1t/m³ 的级配砂石	0	2.0
粉土	黏粒含量 $\rho_c \geqslant 10\%$ 的粉土	0.3	1.5
	黏粒含量 $\rho_c < 10\%$ 的粉土	0.5	2.0
e 或 $I_L < 0.85$ 的黏性土		0.3	1.6
粉砂、细砂（不包括很湿与饱和时稍湿状态）		2.0	3.0
中砂、粗砂、砾石和碎石土		3.0	4.4

注　1. 强风化和全风化的岩石，可参照风化成的相应土类取值，其他状态下的岩石不修正；
　　2. 地基承载力特征值按《建筑地基基础设计规范》（GB 50007—2011）附录 D 深层平板载荷试验确定时 η_d 取 0。

二、按规范确定地基承载力特征值

（1）规范推荐的地基承载力计算公式。《建筑地基基础设计规范》（GB 50007—2011）规定，当轴心荷载或偏心荷载 $e \leqslant 0.033b$ 时，按下式计算：

$$f_a = M_b \gamma b + M_d \gamma_m d + M_c c_k \tag{8-15}$$

式中　　　f_a——地基承载力特征值，kPa；

M_b、M_d、M_c——地基承载力系数，可查表 8-4；

　　　γ——基础底面以下土的重度，地下水位以下取有效重度，kN/m³；

γ_m——基础底面以上土的加权平均重度，地下水位以下取有效重度，kN/m^3；

b——基础底面宽度，m，大于 6m 按 6m 取值；对于砂土小于 3m 按 3m 取值；

d——基础埋置深度，m，一般自室外地面标高算起；

c_k——基底下一倍基础底面短边宽深度内土的黏聚力标准值，kPa。

承载力系数 M_b、M_d、M_c 可查表 8-4，与基底以下一倍基础底面短边宽深度范围内土的内摩擦角标准值 φ_k 有关。

表 8-4 承载力系数 M_b，M_d，M_c

土的内摩擦角标准值 $\varphi_k/(°)$	M_b	M_d	M_c	土的内摩擦角标准值 $\varphi_k/(°)$	M_b	M_d	M_c
0	0	1.00	3.14	22	0.61	3.44	6.04
2	0.03	1.12	3.32	24	0.80	3.87	6.45
4	0.06	1.25	3.51	26	1.10	4.37	6.90
6	0.10	1.39	3.71	28	1.40	4.93	7.40
8	0.14	1.55	3.93	30	1.90	5.59	7.95
10	0.18	1.73	4.17	32	2.60	6.35	8.55
12	0.23	1.94	4.42	34	3.40	7.21	9.22
14	0.29	2.17	4.69	36	4.20	8.25	9.97
16	0.36	2.43	5.00	38	5.00	9.44	10.80
18	0.43	2.72	5.31	40	5.80	10.84	11.73
20	0.51	3.06	5.66				

注 φ_k 为基底下一倍基础短边深度内土的内摩擦角标准值。

（2）黏聚力标准值 c_k 和内摩擦角标准值 φ_k 的确定。

1）首先根据室内剪切试验测定的 n 组抗剪强度指标 c_i 和 φ_i，按数理统计的方法分别求出两指标的平均值 μ_c、μ_φ，标准差 σ_c、σ_φ，变异系数 δ_c、δ_φ。

其中

$$\delta_c = \frac{\sigma_c}{\mu_c}$$

$$\delta_\varphi = \frac{\sigma_\varphi}{\mu_\varphi}$$

2）按下述两式分别计算抗剪强度指标 c 和 φ 的统计修正系数 ψ_c 和 ψ_φ。

$$\psi_c = 1 - \left(\frac{1.704}{\sqrt{n}} + \frac{4.678}{n^2}\right)\delta_c$$

$$\psi_\varphi = 1 - \left(\frac{1.704}{\sqrt{n}} + \frac{4.678}{n^2}\right)\delta_\varphi$$

3）最后按下述两式计算土的抗剪强度指标的标准值 c_k 和 φ_k。

$$c_k = \psi_c \mu_c \qquad\qquad (8-16)$$

$$\varphi_k = \psi_\varphi \mu_\varphi \qquad\qquad (8-17)$$

黏聚力和内摩擦角标准值 c_k、φ_k 确定后，即可查取承载力系数，并代入式（8-15）进行计算。

本章内容就到这里，同学们再见！

参 考 文 献

［1］ 杨进良，严驰. 土力学［M］. 5版. 北京：中国水利水电出版社，2018.
［2］ 李广信，张丙印，于玉贞. 土力学［M］. 3版. 北京：清华大学出版社，2022.
［3］ 河海大学《土力学》教材编写组. 土力学［M］. 3版. 北京：高等教育出版社，2019.
［4］ 党进谦，程建军. 土力学与地基基础［M］. 北京：中国农业出版社，2013.
［5］ 陈希哲，叶菁. 土力学地基基础［M］. 北京：清华大学出版社，2013.
［6］ 沈扬. 土力学原理十记［M］. 北京：中国建筑工业出版社，2015.
［7］ 廖红建. 土力学［M］. 3版. 北京：高等教育出版社，2018.
［8］ 卢廷浩. 土力学［M］. 2版. 南京：河海大学出版社，2005.
［9］ GB/T 50145—2007 土的工程分类标准［S］
［10］ SL 237—1999 土工试验规程［S］
［11］ GB/T 50123—2019 土工试验方法标准［S］
［12］ GB 50007—2011 建筑地基基础设计规范［S］
［13］ GB 50330—2013 建筑边坡工程技术规范［S］